KB018312

해공군
국직
부대
도감

일러두기

1. 이 책의 부대마크와 애칭 및 연혁은 해당 부대 공식 기록자료의 열람 및 요청에 의해 확보한 내용을 근거로 하여 작성되었다.
2. 내용의 근거를 구하지 못한 일부 내용에 대해서는 필자의 의견을 담아 '추정된다'라고 표현하였다.
3. 각군의 대표 색상은 해군 남색, 해병대 적색, 공군 청색, 국방부직할 자주색으로 표기하였다.
4. 본문 중 각 군의 대표색 부분의 내용은 관련 월간지와 국방일보, 기타 자료 등 공식적으로 입수 가능한 자료와, 교차 확인한 출신 부대원들의 증언을 토대로 실었다.
5. 대부분의 부대마크는 새롭게 디자인 작업을 한 것이다.

해공군 국직 부대 도감

신기수 지음

궁리
KungRee

저자의 말

6·25전쟁 발발 당시 해·공군의 상황은 열악했던 육군에 비할 바가 아니었다. 조악 그 자체였다. 얼마 되지 않는 경비정과 경비행기 수준의 장비로 우리의 바다와 하늘을 지켜야 했다. 하지만 정부와 군의 헌신적인 노력으로 부대증설 및 장비보강과 함께 노련한 전투경험을 바탕으로 강군의 초석을 쌓았다.

전력증강 외에도 절대열세였던 6·25전쟁 당시 군사·외교적 수완으로 극복하고, 전후 한·미상호방위조약으로 국가안보의 토대를 쌓은 이승만 대통령을 비롯하여 해군의 손원일 제독, 해병대의 신현준 장군, 공군의 최용덕 장군 등 걸출한 지휘관들이 있었기에 각 군의 기틀이 마련되어 오늘날 균형 잡힌 국군의 모습을 갖추었다.

하지만 규모에 비해 국군의 역사계승이 미흡하였음을 느낀다. 급변의 시기를 거치며 과거 해체부대와 관련한 일부 정보들이 사라지거나 정리되지 않아 이에 관한 부정적이고 왜곡된 사실들이 국민들에게 부적절하게 전달되는 경우도 있었다.

창군 이후 피와 땀으로 현재 강군을 이룬 우리 선배들의 모습이 어떠했는지 제대로 알려주지 못한다면 정통성은 무너지고 외부의 의도적인 선동에 취약할 수밖에 없다. 부대마크와 간단한 역사를 담은 책에 불과하지만, 이를 통해 해·공군과 해병대가 어떠한 길을 걸어왔고, 국가를 위해 무슨 역할을 하고 있는지 조금이나마 전달할 수 있다면 만족한다.

육군에 비해 잦은 부대개편과 마크의 변경으로 해체부대와 과거 마크까지 담지 못한 것이 아쉬움으로 남는다. 또한 육군과 달리 함정과 대대급 마크가 더욱 중시되는 문화여서 개정판이 허락된다면 이 모두를 아울러 함께 둘러볼 수 있도록 보완하기를 희망한다.

이 책은 6·25전쟁 중 입대하여 평생을 군에 바친 존경하고 사랑하는 아버지와 모든 예비역 및 현역장병들에게 바친다. 이와 함께 고생 많았던 궁리출판사 식구들과 지덕상 형님, 그리고 자료수집에 협조해주신 모든 관계자 여러분께 깊은 감사인사를 드린다.

다시 한번 극한의 4계절 속에서 고생하는 대한민국 국군장병들에게, 그리고 한때나마 그들의 일원이 될 수 있도록 기회를 준 국가에게 감사를 표한다.

내용에 수정 혹은 보충할 마크와 자료가 있다면 언제든지 bemiltour@naver.com으로 알려주실 것을 부탁드린다.

차례

저자의 말 5

대한민국 해군 15

대한민국 해군 16
해군본부(계룡대) 17
해군작전사령부 18
해군교육사령부 19
해군군수사령부 20
해군사관학교(충무대) 22
해군제1함대(선봉대) 24
해군제2함대(필승대) 26
해군제3함대(상승대) 28
해군잠수함사령부 29
해군항공사령부 30
해군제5기뢰/상륙전단 31
해군제7기동전단 32
해군제8전투훈련단 34
해군특수전전단 35
해군해양정보단 37
해군대학(자운대) 38
해군진해기지사령부/
진해특정경비지역사령부(한산대) 39
해군인천해역방어사령부 40
해군제1해상전투전단 41
해군제2해상전투전단 42
해군제3해상전투단 43
해군기초군사교육단 44

대한민국 해병대 45

해병대사령부(덕산대) 46
서북도서방위사령부 47
해병포항특정경비지역사령부 48
해병제1상륙사단(해룡부대) 49
해병제2사단(청룡부대) 51
해병제6여단(흑룡부대) 53
해병제9여단(백룡부대) 54
해병대교육훈련단 55
해병대군수단 56
해병대항공단 57
해병연평부대(공룡부대) 58

◦ 대한민국 해군 장교계급(장) 59
◦ 해군 함정의 분류와 명칭 61

대한민국 공군 63

공군본부(계룡대) 68

공군작전사령부(칠성대) 69
공중기동정찰사령부 70
공중전투사령부 71
공군미사일방어사령부 72
방공관제사령부 73
공군교육사령부(비성대) 74
공군군수사령부 75
공군사관학교(성무대) 76
제1전투비행단(남성대) 78
제3훈련비행단(토성대) 80
제5공중기동비행단(해성대) 81
제8전투비행단(명성대) 82
제10전투비행단(화성대) 83
제11전투비행단(광성대) 84
제15특수임무비행단(한성대) 85
제16전투비행단(예성대) 86
제17전투비행단(천성대) 87
제18전투비행단(동성대) 88
제19전투비행단(은성대) 89
제20전투비행단(용성대) 90
제39정찰비행단 91
공군제1미사일방어여단(수성대) 92
공군제2미사일방어여단(지성대) 93
공군제3비사일방어여단(천성대) 94
항공정보단 95
제6탐색구조비행전대 96
제7항공통신전대 97
제28비행전대 98
제29전술개발훈련비행전대 99
제35비행전대 100
제38전투비행전대 101
제51항공통제비행전대 102
제53특수비행전대(블랙이글스) 103
제55교육비행전대 104
제60수송전대 105
제91항공공병전대 106
항공우주전투발전단 107
항공지원작전단 108
공군시험평가단 109
공군작전정보통신단 110
항공우주의료원 111
공군기상단 112
공군대학(자운대) 113
공군기본군사훈련단 114

◦ 7인 7색 공군 상식 115

대한민국 국방부 직할 119

국방부 120
합동참모본부 121
국군방첩사령부 122
국방정보본부 123
국방대학교 124
국군정보사령부 125
777사령부 126
국군화생방방호사령부 127

국군드론작전사령부 128
국군수송사령부 129
국군지휘통신사령부(빛가온부대) 130
국군의무사령부 131
국군사이버작전사령부 133
국방부조사본부 135
국방시설본부 136
합동군사대학교 137
국군간호사관학교 138
군사법원 139
국방부검찰단 140
국군심리전단 141
국군복지단 142
국군재정관리단 143
국군체육부대(상무) 144
국방부유해발굴감식단 145
군사편찬연구소 147

◦ 대한민국 국방부장·차관 마크 148
◦ 6·25전쟁 참전 유엔군 149

대한민국 해군·해병대 소개

1945년 8월 광복 이후 손원일이 결성한 해사대(海事隊)가 조선해사보국단과 합쳐 조선해사협회를 조직하였고, 11월 서울 종로 관훈동에서 해방병단(海防兵團)을 창설하였다. 진해로 이동하여 이듬해 국방사령부에 편입되어 조선해안경비대로 개칭되었으며, 해군병학교와 조함창을 창설하고 진해를 중심으로 해상경비를 개시하였다. 이후 해안경비대를 거쳐 1948년 정부수립과 함께 국군에 편입되어 9월 5일 대한민국 해군으로 발족하였다. 10월 여순사건 당시 해안봉쇄 및 함포사격을 수행하며, 이때 교훈으로 1949년 4월 15일 진해에서 해병대를 창설하여 진주 및 제주도 공비토벌작전에 투입하였다. 같은 해 진해통제부 개편을 시작으로 경비부와 훈련정대를 창설하였으며, 손원일 제독이 미국에서 해군 최초의 전투함 PC-701 백두산함 등 4척을 구입하였다.

1950년 6월 25일 새벽 YMS-509 가평정이 동해에서 북한 무장수송선을 격파한 한국군 최초의 승전인 옥계해전을 치렀고, 26일 새벽 PC-701 백두산함이 대한해협에서 북한 무장수송선을 격침하여 유격군 600여 명을 수장시켰다. 또한 한국은행의 금·은괴를 부산으로 이송하였으며, 8월 17일 해병대가 통영에 최초로 상륙하였다. 인천상륙 전(前)에는 덕적도와 영흥도를 수복하고 월미도·인천 등의 정보를 수집하였으며, 9월 15일 인천상륙작전 당시 함정 15척과 해병대가 참가하였다. 이후 북한지역에 해군 전진기지를 설치하였고, 북한해역의 소해작전을 수행하였다. 해병대는 1951년 6월 양구 도솔산에서 적 2개 사단을 괴멸시키는 무적해병의 신화를 남겼다.

전쟁발발 후 해군지휘부를 설치하여 6월 27일 전투사령부로 변경하였고, 7월 1일 해군본부와 합쳐 해군작전본부를 거쳐 9월 5일 해군본부로 확대·개편되었다. 7월 10일 UN 해군 예하로 편성되었으며, 8월 1함대를 창설하고 1952년 5월 조함창을 공창으로 개칭하며 장비와 시설을 현대화하였다. 전쟁기간 중 해군은 미국으로부터 함정 30여 척을 지원받았으며, 해병대는 초기 1,166명에서 27,500명으로 대폭 증강되었다.

1953년 한국함대에 이어 보급창을 창설하였고, 1956년 한국함대사령관이 3면의 경비책임을 맡았다. 1954년부터 해군력 증강 5개년 계획을 수립하고 3천 톤급 건선거를 준공하였다. 1956년 호위구축함에 이어 1959년 고속수송함, 1963년 구축함을 도입하였다. 1954년 해사 9기 생도들이 14개국 순항훈련을 시작하여 매년 이어오고 있다.

해병대는 1952년 창설된 해병1전투단을 1954년 해병1여단, 1955년 해병1사단으로 승격시켰으며, 미 해병1사단으로부터 작전지휘권을 환수하였고, 1959년 해병1임시여단을 창설하였다.

1964년 충남함이 소련 잠수함을 강제부상시켰고, 1965년부터 73년까지 해군 백구부대와 해병 청룡부대를 월남에 파병하여 미국으로부터 구축함과 고속수송함 등을 인수하였다. 해병대는 1967년 짜빈동전투에서 2개 연대 규모의 적을 괴멸시켰다. 1971년 함정개발을 시작하여 1972년 학생과 교직자들의 방위성금으로 고속정(학생호)이, 1975년 유도탄고속함이 인도되었으며, 1980년 최초 호위함 울산함과 1983년 최초 초계함 동해함, 1984년 최초 돌고래급 잠수정, 그리고 1986년 기뢰탐색함과 1989년 고속상륙정이 인도되었다.

1973년 경비부를 해역사령부 체제로 정비하고, 1976년 공군 해상초계기 비행대대가 해군으로 이관되어 1973년 창설된 함대항공대가 항공단으로 승격되었다. 1986년 한국함대와 해역사령부를 작전사령부와 함대사령부 체제로 개편하고, 전단급 부대와 군수사령부를 창설하였으며, 1983년 설치된 교육단이 1987년 교육사령부로 확대·개편되었다. 1973년 해군에 통합된 해병대는 1977년 해병6여단과 1981년 해병2사단을 창설하였고 1987년 11월 사령부가 재창설되었다.

1990년 환태평양훈련에 최초 참가하였으며, 1992년 독일로부터 209급 잠수함 장보고함을 인수하여 이후 국내에서 건조하였다. 2007년 214급 잠수함 손원일함을 인수하고, 1995년 해상초계기 P-3C를 도입하였다. 1998년 KDX-I 광개토대왕함, 2003년 KDX-II 충무공이순신함, 2007년 LPX급 독도함, 2008년 KDX-III 세종대왕함, 2018년 3천 톤급 잠수함 도산안창호함 등을 비롯하여 각종 지원함정들을 국내에서 건조·인수하였다.

1995년 9잠수함전단, 1999년 인천해역방어사령부, 2000년 진해기지사령부와 특수전여단을 창설하였으며, 2009년 창설된 청해부대가 2011년 1월 15일 소말리아 해역에서 한국군 최초의 해외인질구출작전인 아덴만여명작전에 성공하였다. 2010년 7기동전단에 이어 2015년 잠수함사령부를 창설하였고, 2016년 제주민군복합항을 준공하였다.

대한민국 해군

대한민국 해군

마스트는 함정, **원**은 21세기 한국해군의 주무대인 세계(지구), **태극**은 대한민국, **역삼각형**은 항공모함으로 해군의 희망과 미래, **파도**는 5대양을 향한 진취적이고 힘찬 항진을 의미한다.

- 손원일 제독은 해군의 신사도(紳士道)를 의미하는 글자 선비사(士)에서 십(十)과 일(一)을 차용하여 11월 11일 11시를 해방병단 창립일시로 삼았다. 2004년 서울 지하철 3호선 안국역 6번 출구에서 인사동으로 접어드는 모퉁이에 해방병단 결단식터 비석이 세워졌다.
- 1948년 8월 15일 정부수립 경축식 당시 미 군정청은 국방경비대의 시가행진을 반대하는 분위기였다. 이에 손원일 제독은 이범석 국방장관의 묵인하에 대원들의 모자에서 해안경비대 마크 대신 대한민국 해군이라 적힌 띠를 두르게 하여 사열을 진행했다. 해방병단 창설 2년 9개월 만이자 해군 창설 3개월 전이었다.

해군본부 계룡대

거북선은 충무공 이순신 장군의 정기를 이어받은 대한민국 해군, **무궁화**는 대한민국, **앵카**는 해군, **체인**은 해군·화합·단결을 의미한다.

애칭 임진왜란 당시 1592년 6월 이순신 장군의 첫 승전장소인 옥포에서 유래하여 옥포대라 하였으나 계룡대 이전시 변경되었다.

- 애칭 계룡대에 대해서는 『육군부대도감』 육군본부 항목 참조

역사 1946년 진해에 설치된 해방병단총사령부가 조선해안경비대총사령부, 1948년 해군총사령부를 거쳐 조선해안경비대가 해군으로 정식 창설되자, 해군본부로 개칭되어 손원일 준장이 초대 참모총장으로 임명되었다. 1993년 계룡대로 이전하였다.

- 이승만 대통령의 전투함 확보명령에 따라 1949년 구성된 함정건조기금갹출위원회에서 장병들과 부인회를 통해 15,000달러를 모금하였다. 자체건조에서 해외구매로 방향을 돌려 이승만 대통령 지원금 포함 6만 달러로 무장이 해제된 450톤 구잠정(驅潛艇) PC(Patrol Chaser)급 4척을 구매하였고, 3인치 함포와 기관총 등을 장착하고 태평양을 횡단하여 귀국하였다.

해군작전사령부

금색 테두리는 미래지향적 힘과 기백, **태극**은 대한민국, **거북선**은 충무해군, **앵카**는 해군, **상비필승**은 작전사령부 표어, **3단 파도**는 위부터 항공·수상·수중 입체전력의 대양해군, **파도 모양**은 승리의 V를 의미한다.

역사 6·25전쟁 중인 1952년 진해에서 창설된 1함대사령부가 모체로, 1953년 대한민국 함대로 개편되어 묵호·부산·인천 등에 해역사령부를 창설하였으며, 1986년 해군작전사령부로 재창설되었다. 1950년 6월 26일 동해상에서 유격군을 실은 북한 수송선을 포격전 끝에 격침시켰다.

- 6·25전쟁 중인 1951년 4월 15일 백두산함이 해군 최초로 대통령 부대 표창을 받았다고 알려진다.

해군교육사령부

총과 펜은 기본군사훈련과 직별교육, **타륜**은 교육의 방향설정, **거북선**은 충무공 정신, **8개 별**은 교육사령부와 예하부대를 의미한다.

역사 1946년 해방병단 내 신병교육대가 창설되었고, 하사관교육을 시작하며 준·하사관교육대가 창설되었다. 6·25전쟁 중이던 1950년 신병교육대 후신으로 해군종합학교에 이어 1987년 교육사령부가 창설되어 그간 장교·부사관·병 신분별 교육체계를 전투병과·기술병과·정보통신병과·기초군사교육 등 기능별 교육체계로 정비하였다. 2009년 4개 학군단이 기초군사교육단에 예속되었으며, 2012년 신규함정전력화에 따라 교육과정을 개편하였다.

- 해군의 15분 전, 5분 전 문화를 문화방송 예능프로 <진짜 사나이>에서 훈육교관(Drill Instructer, DI)들이 확실하게 각인시켜주었다.

해군군수사령부

백색 원은 정직과 청렴으로 생산적인 군수관리와 창의적인 업무추진, **상단부**는 함정을 떠받드는 형태로 필승해군의 초석, **도토리와 잎**은 전군(全軍) 군수지원업무, **앵카**는 해군, **미사일**은 필승해군, **위성 안테나**는 발전과 미래를 선도하는 정보통신, **치차**는 질서·단결·근면과 각종 기계의 완전무결한 정비지원 및 부대단결을 통한 작전부대 군수업무지원, **끌 모양 거북선 등무늬**는 유사시 대비 비축물자와 충무공의 정신계승, **꿀벌집**은 군수물자 적재창을 의미한다.

역사 1946년 해방병단 조함창(정비창) 창설을 시작으로 1951년 해군교육도서관, 1953년 통제부 보급창(1보급창), 1956년 통제부 병기탄약창, 1974년 통제부 군수지원단 등이 창설되었으며 1986년 군수사령부가 창설되어 정비창 · 보급창 · 병탄창 · 인쇄창 등을 통제하고 있다.

- 손원일 제독은 자서전을 통해 해군(해안경비대) 창설 당시 가장 의미가 있고 힘겨웠던 일로 과거 일본해군이 사용한 2천여 명 규모의 조함창 인수작업을 꼽았다. 대원들은 미군에 의한 조함창의 각종 장비반출을 사력을 다해 저지하며 그 일부를 인수할 수 있었다.
- 연병장에 위치한 18m 높이의 국기게양대는 2000년 퇴역한 충북함(DDH-915) 마스트이다. 군함은 가장 높은 마스트에 국기를 게양하는데, 항해 중인 우리 해군의 마스트에는 24시간 태극기가 게양된다.

- 보통 4식(食)을 제공하는 해군함정의 '짬밥'은 다양하고 맛있기로 유명하다. 따라서 업무가 고된 조리병들에게 (경우에 따라) 2일간의 휴가를 더 준다든가, 월 1회 조리병의 날을 정해 4식 모두 전투식량을 제공하여 휴식을 부여하기도 하고, 각 함정과 부대대항 조리대회를 열어 축제처럼 즐기는 등 해군은 정말이지 밥에 진심이다.

해군사관학교 충무대

닻은 해군·바다·군함, **별**은 빛나는 명예를 지닌 군인과 엄정한 군기, **월계수**는 승리, **독수리**는 5대양을 아우르는 기개와 해군 항공단 및 강인한 의지와 용기를 의미한다.

애칭 충무공 이순신 장군에서 유래한 것으로 추정된다.

역사 1946년 손원일 제독이 진해 통제부에 창설한 해군병학교를 모체로, 해방병단이 해안경비대로 개칭되자, 조선해안경비대사관학교와 해안경비대학, 해사대학, 1948년 해군대학을 거쳐 1949년 해군사관학교로 개칭되었다. 1953년 4년제 과정, 1955년 4년제 대학과정으로 변경되었다. 1972년부터 전공교육이 시작되었고, 1988년 해양연구소가 설립되었다. 1954년 해외순항훈련을 시작하였고 1999년 여생도 입교가 시작되었다. 6·25전쟁이 발발하자 교육을 일시 중단하고 7월 13일 4~7기 전원 창원지구 및 신미도전투에 참가하였다.

- 1954년 9기생부터 시작된 원양항해훈련인 (해외)순항훈련은 구축함과 군수지원함으로 구성되어 4학년 2학기 기간에 걸쳐 실시되며, 2021년부터 구축함 대신 교육·훈련전문함인 4,500톤급 한산도함이 투입되었다. 범 없는 산중엔 살쾡이가 대빡이라고, 4학년이 떠난 자리에는 3학년 생도들의 여유와 기품이 넘쳐난다
- 한편 3학년 생도들은 한달간 함정실무능력 배양을 위하여 연안실습을 통해 국내 주요 항구와 부대들을 방문하는데, 향후 진로구상에 도움을 주고 있다.

- 2018년부터 3군 합동작전수행능력의 향상을 목표로 3군 및 간호사관학교 2학년 생도들을 대상으로 국내·외 주요지역을 방문하는 합동순항훈련을 실시하고 있다.

해군제1함대 선봉대

태양은 동해 바다의 일출, **햇살**은 뻗어가는 힘찬 해군의 기상, **산**은 조국의 아름다운 푸른 산, **파도**는 동해의 아름다운 바다, **거북선**은 충무공의 후예를 의미한다.

애칭 해군의 최선봉 부대로서 적을 초전에 응징 · 격멸할 수 있는 필승의 전투태세를 확립하고 완벽한 동해방어를 사명으로 하는 으뜸함대 구축을 의미하며, 1990년 9월 10일 4대 사령관 강덕동 소장이 제정하였다.

역사 1946년 강원도 및 강원도 해상에 대한 육 · 해상 경비를 위해 설치된 조선해양경비대 묵호기지가 모체로, 1949년 묵호경비부로 승격되었다. 1968년 1 · 21사태와 울진 · 삼척지구 침투사건을 계기로 1969년 해상경비사령부가 설치되었으며, 1971년 1해역경비사령부, 1973년 1해역사령부를 거쳐 1986년 1함대로 개칭되었다. 1950년 6월 25일 새벽 후방지역에 특수부대를 투입하여 제2전선을 형성하러 옥계에 상륙 중이던 북한 상륙정을 YMS-509정이 격침시켰다.

- '때려잡자 적 잠수함, 사수하자 동해바다'를 구호로 하고 있다.
- 1967년 1월 19일 북한 경비정이 동해에서 우리 어선단 70여 척을 납치하려 하자, 650톤급 경비정인 당포함이 저지에 나섰으나 북한 해안포 200여 발의 기습 공격을 받았다. 이에 함포 170여 발의 응사하였으나 침몰하여 장병 39명이 전사하였는데, 대부분 교전 중 사망하였다.

- 보통 구축함 근무를 한 수병들은 모두에게 인정받는다고 한다. 하지만 수심이 얕고 중공과 북한 영토와 근접한 2함대의 경우 해상의 DMZ답게 충돌이 잦아 서해용사로 불리는 참수리 고속정 근무자가 크게 인정받고 있다. 반면 1함대의 고속정은 해상에 앵카를 내리고 정박 중인 함정과 육지의 해상교통편 역할을 하면서 '택시'로 불리는데, 어떤 임무든 군에서 가치의 차이는 없다. 참고로 윤영하급 고속함은 왕참수리를 의미하는 '왕참'으로 불린다.

해군제2함대 필승대

2는 2함대사령부와 함정의 타, **6개의 타손잡이**는 직할전단, **평형 4줄**은 예하 전투전대, **태극**은 국가안보의 중추적 역할, **거북선**은 필승의 함대사령부를 의미한다.

애칭 충무공 이순신 장군처럼 모든 해전에서 승전보를 전하겠다는 필승의 의지를 의미하며 부대에서 제정하였다.

역사 1946년 해방병단 인천기지사령부로 창설되어 1949년 인천경비부, 1973년 5해역사령부를 거쳐 1986년 2함대로 개편되었다. 1949년 국군 최초의 대북응징보복작전인 황해도 소재 몽금포작전과 1950년 덕적도·영흥도 탈환작전 및 1999·2002년 제1·2연평해전, 2009년 대청해전 등을 치렀다.

- 2002년 6월 29일 북한 초계정 등산곶 684호의 기습포격으로 시작된 제2연평해전에서 적에게 40명 가까운 사상자를 안기며 승리했으나, 해군 역시 흘수선에 화력을 집중당한 고속정 참수리 357정이 침몰하고 정장 윤영하 대위를 비롯한 6명이 장병이 전사하였다. 이 영향으로 교전수칙이 공세적으로 변경되었고, 전사자 6명은 차기 미사일 고속함의 이름으로 남았다. 김대중 대통령은 국민 불안감 고조와 외국 투자자들의 우려를 감안하여 다음날 열린 한·일 월드컵 폐막식에 참석하였다.
- 대청해전은 2009년 11월 10일 11시경 북한 경비정의 침범으로 시작되었고, 해군 참수리 고속정에게 괴멸당한 후 사망자 8명과 함께 예인되어 퇴각하였다.

- 2010년 3월 26일 밤 백령도 앞바다에서 1,200톤급 초계함 천안함이 북한의 어뢰공격으로 침몰하였다. 이로 인해 승조원 104명 중 46명이 사망하고 탐색·인양과정에서 UDT 대원 한주호 준위가 희생되었다. 6·25전쟁 이후 북한의 도발로 입은 최대 인명피해였다. 2024년 1월 22일, 14년 전 작전관이 '그토록 원했던' 새로운 신형 호위함 천안함의 제2대 함장으로 부임하여 "적이 또다시 도발한다면 백배, 천배로 응징하여 원수를 갚겠다."고 밝혔다.

해군제3함대 상승대

앵카는 해군, **적색 방패**는 함정과 해양수호의 강한 열정, **거북선**은 충무공의 후예로서 해군의 선봉을 의미한다.

애칭 충무공 이순신 제독의 23전 23승 전통을 이어 받아 항상 이기는 함대로서 전승의 의지를 의미하며 부대에서 제정하였다.

역사 1946년 창설된 목포 및 부산기지사령부가 모체로, 1950년 부산경비부, 1973년 2해역사 등을 거쳐 1986년 함대사령부로 발전하였다. 같은 해 제주방어사령부와 군수지원단 창설을 시작으로 3전단(목포해역방어사령부)를 예하로 두었다. 6·25전쟁 중인 1950년 6월 26일 대한해협 근해에서 북한 무장수송선을 격침시켰으며, 8월 17일 김성은 부대를 통영 장평리에 상륙시켰다. 휴전 이후 1978년 거문도와 1979년 미조도, 1983년 다대포에서 북한 간첩선을 격파하였고, 1985년 중공 어뢰정을 무장해제시켰으며, 1998년 여수에서 반잠수정 1척을 격침시켰다.

- 대한민국 3천여 개의 섬 중 2,800여 개와 4,200여km의 해안선, 그리고 해군 책임해역의 53%인 20만㎢의 해역을 책임지고 있다.
- 1985년 3월 21일 대만으로의 망명을 위해 반란을 일으킨 중공 북해함대 소속 어뢰정 3213호가 표류 중에 우리 측으로 예인되자, 한때 양국 해·공군이 대치하였다. 어리정은 다시 공해상에서 중공으로 인계되었고, 주동자인 통신사와 항해사는 총살당했다.

해군잠수함사령부

지구본은 바다를 향한 진취적이고 패기 있는 항진, **청색 바탕**은 천해와 심해의 잠수함 작전영역, **잠수함**은 잠수함부대의 꿈과 비전을 의미한다.

역사

1983년 최초의 국산 소형 잠수함 돌고래 051정을 진수하였고, 1990년 5성분전단 57잠수함전대로 창설되었다. 1987년 잠수함사업단이 구성되어 1993년 잠수함 기본과정 1기생을 배출하였고 최초의 잠수함 1,200톤급 장보고함과, 1994년 최초 국내 건조함인 이천함을 인수·취역하였다. 1995년 9잠수함전단으로 승격된 후 1998년 림팩훈련에 최초 참가하였다. 2007년 1,800톤급 손원일함을 취역하였고, 2013년 국제잠수함과정 개설과 함께 2015년 잠수함사령부로 승격되었다. 2021년 3천 톤급 도산안창호함을 취역하였다.

- 1999년 서태평양훈련 중 이천함이 미 순양함 오클라호마호를 'One Shot, One Hit, One Sink'로 격침시킨 후 앞 문구를 전투구호로 사용하고 있다.
- 잠수함의 위장색은 다양한데, 주로 수상항해를 하다가 필요시 잠항을 하던 과거에는 흘수선을 기준으로 상부는 회색, 하부는 짙은색 계열을, 수중에서만 작전에 임하는 현대에 들어서는 검정색 계열을 사용하고 있다. 이외에도 주변 자연환경에 맞춰 얼룩무늬와 녹색, 흰색 등을 사용하는 경우도 있다.
- 업체로부터 잠수함을 인수한 후 최대 잠항심도 시험항해시 갑판에 기념와인을 싣고 잠항한다. 수압이 높아질수록 코르크의 미세한 구멍 속으로 심층수가 침투하는데, 이를 통해 해당 잠수함만의 특별한 기념와인이 탄생한다.

해군항공사령부

금색 날개는 해군항공 및 6항공전단의 계승, **닻**은 해군, **거북선**은 충무공의 후예로서 용맹성과 진취적 도전정신, **령(令)**은 임무완수, **활주로**는 항공부대, **테두리 홋줄**은 결속력과 단합력, **하늘색**은 하늘, **청색**은 바다, **흑색**은 육지, **백색 물결**은 파도, **세계지도**는 세계로 뻗어가는 해군항공을 의미한다.

역사

1951년 진해에서 항공반으로 조직되어 1957년 함대항공대로 증편되었고, 1973년 해병대항공대를 통합 · 재창설되어 1977년 함대항공단으로 승격되었다. 1986년 6항공전단을 거쳐 2022년 해군항공사령부로 승격되었으며, 3군 중 유일하게 함정탑재기를 보유하였다. 1978년 거문도를 비롯하여 1983년 울릉도, 1998년 돌산도 등지에서 대간첩작전을 수행하였고, 수차례 타국 잠수함을 탐지 · 수색하였다.

- 해취(海鷲, 바다독수리)호는 1951년 4월 1일 조경연 중위의 주도로, 목포항에 불시착한 미군 AT-6 Texan을 일본군 비행기의 부주(浮舟, Float)와 결합하여 제작한 우리나라 최초의 독자제작 비행기(수상정찰기)이다. 8월 15일 처녀비행을 거쳐 해군 최초이자 유일의 비행기로 정찰임무를 수행하던 중 11월 22일 진해항 인근 해상에 추락하여 조종사와 정비장교가 순직하였다.
- 사령부 역사관에는 이승만 대통령이 진해 별장에서 『난중일기』를 읽던 중 쓴 친필휘호 '誓海'가 전시되어 있다. 백의종군 당시 이순신이 지은 장군 한시(漢詩) 중 '서해어룡동맹산초목지(誓海漁龍動盟山草木知)'의 일부이다. 진해 남원로터리에는 1946년 김구 선생이 해안경비대를 방문하여 쓴 한시의 비석이 세워져 있다.

해군제5기뢰/상륙전단

거북선은 충무공의 후예로서 조국해양 수호에 대한 강력한 의지, **백색 타륜**은 인화단결과 통합된 힘, **적색**은 적지(敵地), **청색 화살표**는 적지에 대한 공격을 의미한다.

역사 1986년 5성분전단으로 창설되어 2007년 5수상함전단을 거쳐 2009년 5성분전단으로 재개편되었다. 한때 51기동전대를 비롯하여 55구조 · 군수지원전대, 56특수전전대, 57잠수함전대 등이 예속되어 있었다. 2022년 5기뢰/상륙전단으로 개편되었다. 2022년 해양유 · 무인복합체계 '네이비 시 고스트(Navy Sea GHOST)' 시범부대로 선정되었다.

- Navy Sea GHOST(Guardian Harmonized with Operating manned System and Technology based unmanned Systems). '유인체계와 AI기술 기반 무인체계가 조화된 해양수호자'라는 의미로 원격통제·반자율형·자율형단계를 거쳐 균형적인 수상·수중·공중 무인전력의 확보를 추진 중이다.

해군제7기동전단

태극 문양은 대한민국 해군, **세계지도**는 세계평화에 기여하는 진취적 기상, **별**은 핵심부대로서의 기동전단, **테두리**는 해군의 정통성과 강한 결속력, **거북선**은 충무공의 후예로 조국해양 수호 의지, **7(돛대)**은 7기동전단의 5대양을 향한 힘찬 항진을 의미한다.

역사

1960년 한국함대 1전단 11전대로 창설되어 1986년 5성분전단 51대잠전대, 2007년 5수상함전단 51기동전대를 거쳐 2010년 7기동전단으로 개편되었다. 이지스구축함을 중심으로 대북대비태세는 물론 해외기동 및 지원활동 일체를 수행하고 있다.

- 해군 유일의 기동전단답게 소말리아 해역 호송전대(청해부대)와 환태평양훈련 림팩(RIMPAC)에 사실상 고정으로 파견하고 있다.
- 대양해군을 지향하는 해군판 7기동군단(육군)으로, 둘의 명칭 역시 한끗 차이다.
- 1990년대 1,500톤급 호위함을 시작으로 림팩에 참여한 해군은, 2000년 수상·수중·항공전력이 모두 참여하여 잠수함 박위함이 유일하게 생존하였으며, 2010년 구축함 세종대왕함이 탑건함에 등극하였고, 2012년 미국 외 외국군 최초의 림팩올림픽 우승과, 2014년 항모강습단 해상전투지휘관에 이어 2022년에는 원정강습단장을 우리 해군 지휘관이 역임하였다.
- 수병들 사이에 구축함 근무는 매우 힘들기로 정평이 나 있다. 따라서 함명 역시 노예유성룡(서애유성룡)함, 통곡이이(율곡이이)함, 세종대마왕(세종대왕)함, 광

개토나와(광개토대왕)함, 을지무덤·을지옥문턱(을지문덕)함, 야만춘·악마춘(양만춘)함, 감금(강감)찬함, 죄영(최영)함 등 선조들께 면목 없는 애칭으로 불리기도 한다. 반면 '봉'으로 끝나는 상륙함의 경우에는 '갑판병의 무덤'으로 불린다. 조금 과한 듯 싶지만 피철철(PCC)·독(毒)도함·저주(제주)함 등과 차마 글로 옮기지 못하는 애칭들에 비하면 꼭 그렇지만은 않다. 이렇듯 힘든 와중에도 '불쌍하다 해군수병 침상에 정렬 야야야야~' 노래 한 가락으로 위안 삼으며 제대 그날까지 의무를 다한 대한민국 해군 수병들의 노고에 박수를 보낸다.

- 갑판특기는 55개 특기번호 중 01번으로, 1948년 최초 지정된 28개 특기(현재 37개 특기) 중 하나이다. 함정출입항·견시·단정운용·헬기이착함·인명구조·해상보급·선체유지보수 등의 임무를 수행하며, 전투배치시에는 소병기사수 임무를 맡는다. 어학병 역시 평시에는 갑판병을 맡고 있으나 간간히 홋줄 한 번 잡지 않고 전역하는 경우도 있다. 참고로 방송수와 신호수 역할도 병행하는 특기번호 02번 조타병은 함정과 육상간 순환근무가 아닌 함정에 남아 계속 근무하는데, 이를 속칭 '앵카'라 칭한다고 한다.

해군제8전투훈련단

거북선은 충무공 정신, **화염**은 교육훈련요원의 정열, **상비필승**은 작전사급 통합훈련 주관, **3색 파도**는 함정인수·평가·전력화임무, **타륜**은 올바른 방향설정, **펜과 칼**은 교육과 훈련, **백색**은 공명정대한 검열과 평가를 의미한다.

역사 1951년 함정교육단으로 창설되어 1957년 함정훈련단, 1986년 8전비전단, 2007년 5성분전단 509전비전대를 거쳐 2009년 작전사령부 전비전대로 개편되었으며, 2015년 8전투훈련단으로 창설되었다.

- (함정의) 시작과 끝은 우리가. 육군에도 동일한 구호가 있다. 『육군부대도감』 참조
- 해군 각 양성교육단의 수영장과 달리 실제 바다에 위치한 해상생환훈련장에서는 매년 해군승조원들의 생환훈련이 끊이지 않는다.

해군특수전전단

독수리는 공중침투 특수작전, **앵카**는 해군의 일원, **기뢰**는 기뢰와 폭발물 처리 임무, **칼과 삼지창**은 특수전 전사들의 무기를 의미한다.

역사

1952년 미 UDT 유학장교 및 국내 교육과정을 거쳐 1955년 해군 해변단 수중파괴대(UDT)로 창설되었다. 1981년 특수공작대, 1983년 2전단 25특수전전대, 1986년 5전단 56특수전전대, 2000년 특수전여단, 2007년 특수전전단, 2009년 특수전여단을 거쳐 2021년 재차 특수전전단으로 개편되었다. 1955년 UDT 1기생이 대한민국 최초로 스킨스쿠바교육을 실시하였다. 1975년 UDT/SEAL로 명칭이 변경되어 1976년 특수전임무가 추가되었으며, 해난구조전대(SSU)와 폭발물처리(EOD)대대 등이 포함되어 있다. 1967년부터 8년간 베트남전쟁에 참전하였고 수많은 대북작전에 개입하였다. 1993년 서해 페리호 침몰 당시 해난구조대와 함께 사체를 전원 인양하였고, 1996년 및 1998년 동해안 북한 잠수정 침투사건 당시 수색작전을 펼쳤으며, 2011년 해적에게 피랍된 삼호주얼리호를 구출하였다.

- UDT(Underwater Demolition Team), SEAL(SEa, Air and Land)
- 2011년 1월 21일 아덴만의 청해부대 6진 최영함 특수전요원들이 수행한 삼호주얼리호 구출작전(아덴만여명작전)에서 5시간에 걸친 2차례 작전 끝에 해적 13명 중 8명을 사살하고 5명을 생포하였으며 우리 측 선원 21명(한국인 8명) 전원을 구출하였다. 중상을 입은 해군부사관 출신 석해균 선장은 완치 후 해군안

보교관으로 근무하다가 2020년 퇴직하였고, 그를 치료한 해군 갑판병 출신의 이국종 교수는 명예해군대령까지 진급하였다. 1월 15일 인도양 해역에서 납치된 삼호주얼리호는 해적에게 납치된 8번째 대한민국 국적의 무역선이었다.

- UDT는 한때 이것으로 더 유명했다. 우리 동네 특공대…
- '더 넓고 더 깊은 바다로'를 신조로 하는 SSU(Sea Salvage and rescue Unit)는 해양사고구조 전문부대로, 초기에는 Ship Salvage Unit라 불렸다.

해군해양정보단

지구본은 정보수집 대상해역, **3색 띠**는 공중·지상·해양에서의 정보수집, **외곽 리본**은 컴퓨터 용지로 과학적 분석을 통한 전술정보 생산 및 해군 작전세력 지원으로 성공적 임무완수와 해양에서의 국익보장, **태극무늬**는 파도와 대한민국 해군을 의미한다.

역사 1995년 해군작전사령부 해양전술정보단으로 창설되어 2012년 해양정보단, 2017년 해군정보단을 거쳐 2022년 해양정보단으로 재개칭되었다.

해군대학 자운대

조타륜은 바다와 함정, **별**은 북극성 및 영원불멸의 지조를 본받은 군인, **무궁화잎**은 군인을 옹호함, **거북선과 노도**는 해군의 전통인 충무공정신과 주 전장인 해상에서의 활약상과 위용을 의미한다.

애칭 1989년 3군본부의 계룡대 이전 후 충남 대덕 현(現) 자운동 일대에 육군통신학교를 시작으로 교육기관이 이전하면서 지역명칭을 따와 제정하였다.

역사 1955년 창설되어 2011년 합동군사대학으로 해편된 후 2020년 재창설되었다.

해군진해기지사령부/ 진해특정경비지역사령부 한산대

바탕 앵카는 해군, **거북선 앵카**는 진해기지, **방패**는 철통 같은 기지방어 역할, **적색**은 육상방어, **청색**은 해상방어, **거북선**은 충무공의 애국충정 바다수호정신, **노**는 발전적이며 진취적인 기상, **물결**은 전진과 도약을 의미한다.

애칭 임진왜란 당시 1592년 7월 이순신 장군의 한산도대첩을 의미하며 부대에서 제정하였다.

역사 1946년 조선해안경비대가 진해로 이전하며 진해특설기지사령부로 창설되었고, 1949년 해군통제부로 개편되었다. 6·25전쟁이 발발하자 6월 27일부터 7월 8일까지 통제부사령장관이 해군의 모든 작전지휘권을 행사하였다. 1986년 7진해기지전단으로 변경되었고, 2000년 진해기지사령부로 승격되었다.

- 1952년 4월 13일 진해 북원로터리 중앙에 이순신 장군 동상 제막을 기념한 추모제가 군항제의 시초로, 공식적으로는 1963년 해군진해통제부 주관으로 시작되었다. 참고로 여수와 광양을 잇는 이순신대교의 주탑간 거리는 1,545m인데, 이순신 장군의 탄신해인 1545년(양력 4월 28일, 음력 3월 8일)을 의미한다.
- 진해기지사령부 주변에는 이순신 장군 동상의 북원, 크리스마스 트리의 중원, 김구 선생 시비의 남원 등 3개 로터리가 있다.
- 군항제를 즐기려면 진해 충장로의 홍관식 내과 정류장에 내려 과거 통제부 쪽으로 유유자적 산책해보자.

해군인천해역방어사령부

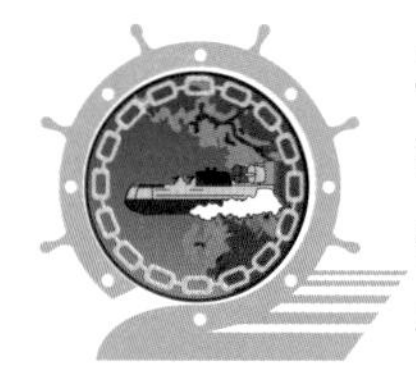

고속상륙정은 증강 핵심전력으로 수도권 서측해역 방어의 완벽한 작전태세 유지, **내부 지형**은 책임해역지형, **체인**은 책임해역 완벽사수와 민·관·군 방위체계 구축, **4개 평행도형**은 예하 전투전대, **2자타륜**은 함정의 타(키)와 2함대사령부를 의미한다.

역사 1973년 5해역사령부 항만방어대로 창설되어 1980년 항만방어전대, 1986년 201방어전대를 거쳐 1999년 인천해역방어사령부로 개편되었다.

- 보통은 인방사라 부르는데, 근래에는 헬방사로 통하기도 한다.

해군제1해상전투전단

1은 1해상전투단, **거북선**은 충무공의 후예, **태양**은 동해의 일출, **산**은 조국의 푸른 산, **햇살**은 힘차게 뻗어나가는 해군의 기상을 의미한다.

역사 1986년 1전투전단으로 창설되어 2007년 해체되었으며 2015년 2·3해상전투단과 함께 1해상전투전단으로 재창설되었다.

- '때려잡자 적 잠수함, 사수하자 동해바다'

해군제2해상전투전단

황색 2는 2해상전투단과 함정의 타(키), **6개 타손잡이**는 6가지 유형의 함정, **태극**은 국가안보의 중추적 역할, **함정**은 전투단의 전력, **별**은 부대규모를 의미한다.

역사 1986년 2전투전단으로 창설되어 2007년 해체되었으며 2015년 1·3 해상전투단과 함께 2해상전투전단으로 재창설되었다. 1999년 제1 연평해전, 2002년 제2연평해전, 2009년 대청해전 등 수차례 해상전투에 참가하였다.

- 1999년 6월 15일 오전 9시 28분 서해 북방한계선(NLL)을 침범한 북한경비정의 기습공격으로 시작된 제1연평해전은 6·25전쟁 이후 최초의 남·북 해군간 정규전으로, 피해가 경미했던 우리 해군에 비해 북한은 어뢰정과 경비정 각 1척이 침몰하고 경비정 5척이 대파되었으며 20여 명이 사망한 것으로 추정되었다.

해군제3해상전투단

앵카는 해군, **방패**는 충무공의 23전 23승 전통을 계승한 상승전단의 해양수호를 위한 강한 결속과 열정, **거북선**은 충성심과 창의성으로 국난을 극복한 충무공의 무훈과 정신을 이어받아 대양으로의 진출, **태극문양**은 태극기를 의미한다.

역사 1986년 3전단으로 창설되어 2007년 해체되었으며 2015년 1 · 2해상전투단과 함께 3해상전투전단으로 재창설되었다. 3함대 계획참모실 전투준비과가 해상전투단 참모조직으로 편성 · 전환되었다.

해군기초군사교육단

타륜은 교육방향의 제시, **5개 별**은 예하부대, **앵카**는 양성교육부대, **총과 펜**은 양성·보수교육을 의미한다.

역사 1946년 해군신병교육대로 창설되어 1952년 신병훈련소로 개칭되었으며 1967년 하사관후보생 과정을 신설하였다. 1987년 해군기초군사학교로 개편되어 1996년 교육대를 증편하였다. 2009년 해군기초군사교육단, 2015년 1군사교육단을 거쳐 2018년 기초군사교육단으로 재개편되었다. 현재 7개 과정의 양성교육을 진행하고 있다.

- 해군수병들은 근무함정이 다를 경우 계급의 차이가 나더라도 상호 '수병님'으로 칭하고 존대어를 사용해야 한다. 참고로 해군의 근무함정은 바뀌지 않는다. 육군의 경우 비공식적으로 '아저씨'로 지칭했으나 현재는 공식적으로 '전우님'으로 통일했다.
- 선상생활을 통해 군복무를 대신하는 승선근무예비역은 항해사 및 기관사 면허를 가진 현역입영대상자 중 해운업 500톤, 수산업 100톤 이상 선박에서 3년간 해당직무를 수행해야 한다.

대한민국 해병대

해병대사령부 덕산대

리본의 글은 내 한 목숨 해병대와 조국에 바친다는 해병대의 존재목적, **독수리**는 충성·용맹·승리 및 민족과 조국의 수호신이자 전장에서 승리의 불사신이기를 갈망하는 해병대의 기상, **닻**은 해양·해군 및 함정이 정박·정선하여 해병대 고유임무인 상륙작전의 개시, **별**은 조국과 민족의 생존을 위한 국방의무 및 조국과 민족을 지키는 신성한 사명과 지상전투를 의미한다.
(6·25전쟁 중인 1951년 4월 해병학교에서 제작하였다.)

- 창설초기에는 해병대 마크가 제정되지 않아 해군장교 모표를 사용하였으나 1951년 8월 1일 독수리와 별이 은색이고 닻이 금색인 장교용과, 전 부분 금색인 사병용으로 구분하여 별도제정하였다.

애칭 1949년 진해 덕산비행장에서 창설되어 부대에서 명명하였다.

- 해병대의 첫 실전은 1949년 8월 29일, 1기생 2개 중대를 중심으로 편성된 김성은 부대가 참가한 경남 진주 인근의 지리산공비토벌작전이다.
- 귀신 잡는 해병대 / 6·25전쟁 중이던 1950년 8월 17일, 북한군 7사단이 장악하여 부산과 진해를 위협하던 통영반도에 해병대가 최초의 상륙작전을 성공적으로 완수하자 '얼굴에 화장품 대신 진흙을 바르는' 당시 《뉴욕 헤럴드 트리뷴》지의 종군 여기자 마거리트 히긴스가 '이들은 귀신이라도 잡을 것'이라고 보도했다. 전 세계 전쟁터를 누빈 그녀는 베트남전에서 걸린 풍토병으로 1966년 사망하여 알링턴 국립묘지에 묻혔다.

서북도서방위사령부

태극은 대한민국, **월계수**는 평화, **자주색**은 합동성으로 육·해·공·해병의 상징색 조합, **별**은 백령도·대청도·소청도·연평도·우도의 서북 5개 도서군, **원테두리성곽**은 서북도서 사수결의, **청색**은 서북해역과 바다, **해병대 마크**는 부대주체, **글자**는 서북도서방위사령부를 의미한다.

역사 예전부터 서북도서에 대한 전력증강 논의가 있었으며 2010년 천안함 피격사건과 연평도 포격전의 영향으로 2011년 창설되었다.

- 해병대사령부가 중심이 되어 3군 합동참모들로 편성된 최초의 작전사령부이다.

해병포항특정경비지역사령부

방패는 철통 같은 책임지역 방어, **해병대 마크와 원 내 지형**은 해병대의 포항지역 방어, **리본 글자**는 부대명, **홍 · 청 · 황색**은 민·관·군 통합방위태세를 의미한다.

역사

1968년 해병1사단을 중심으로 하여 해군과 해병대부대로 창설되었다.

해병제1상륙사단 해룡부대

한반도와 바다는 대한민국 영토와 영해, **원**은 조국수호, **해1병**은 해병1사단, **적색**은 해병대를 의미한다.

애칭 죽어서도 동해의 큰 용이 되어 이 나라 이 땅을 수호하겠다는 문무대왕의 숭고한 호국정신이 면면이 살아 숨 쉬는 영일만에 주둔하여 상륙작전을 주 임무로 하는 상승해병의 모체인 국가전략기동부대로서, 승천하는 해룡 같이 조국이 부른다면 어느 곳에서든 무적해병의 전통을 계승함과 아울러 전군의 선봉을 맡아 이 땅의 호국수호신이 되고자 1990년 5월 1일 부대에서 제정하였다.

역사 1950년 창설된 해병1연대를 모체로 1952년 1전투단, 1954년 1여단을 거쳐 1955년 경기 파주 금촌에서 1사단으로 창설되어 1958년 해병1상륙사단으로 개편되었다. 1965년 포항에서 2연대가 기간인 2여단을 월남에 파병하였다. 1968년 포항특정경비지역사령부를 창설하였으며, 1973년 해군과 통합 후 해군1해병사단으로 개칭되었다가 1987년 해병대사령부 재창설 이후 재개칭되었다. 2016년 신속기동부대 임무를 부여받았다. 창설 이후 1956년 포항 홍해와 1983년 월성원전 수렴리 등지에서 총 31회의 대침투작전을 수행하였고, 우방국들과의 연합상륙작전을 실시하고 있다. 2024년 아이언 마린(Iron Marine) 전투실험대대를 창설하였다.

• 무적해병 / 6·25전쟁 중이던 1951년 6월 양구 인근 1178고지의 도솔산지구를

미 해병으로부터 인계받은 1연대는 1대대장 공정식 소령을 중심으로 사투를 벌인 끝에 북한군 12사단을 물리치고 점령했다. 이승만 대통령은 이를 기념하며 '무적해병' 휘호를 내렸고, 해병1사단 대강당 도솔관은 이를 기념하여 명명하였다.

• 미 해병은 초대 3연대장 공정식 대령의 용맹성을 보고 '고릴라' 라 불렀다. 1974년 25대 연대장 오낙영 대령이 그의 정신을 이어받고자 3연대 애칭을 '킹콩' 으로 제정하였다.

해병제2사단 청룡부대

청룡은 승리의 상징이자 수호신, **2 모양의 청룡과 백색 물결** 2개는 해병2사단, **황색**은 해병대의 땀과 인내, **청색**은 해병대의 터전인 바다(서해), **적색**은 피와 정열로 국가를 수호하는 해병을 의미한다.

애칭 바다의 제왕인 청룡은 동쪽의 기운을 받은 태세신의 상징이다. 좌청룡우백호에서 보듯 청룡이 백호보다 우위이며, 바다를 주름잡는 이름으로 동방과 바다를 함께 상징한다. 1949년 9월 제작된 해병대 최초의 군가 '나가자 해병대' 중 "창파를 헤치며 무쌍의 청룡"이라는 가사에서 유래하여 1953년 해병2연대가 청룡부대로 명명되었다. 1965년 9월 20일 포항에서 해병2여단 결단식 당시 박정희 대통령이 초대 여단장 이봉출 준장에게 청룡부대기를 하사하여 공식 명명하였다는 설과 공정식 사령관이 명명하였다는 설이 있다.

역사 6·25전쟁 중이던 1951년 해병독립5대대가 김포반도에 주둔한 이후 1953년 6대대(동해부대)와 일부 도서부대(석도·초도)를 근간으로 편성된 2연대를 모체로 1959년 1임시여단이 창설되었고, 1965년 포항에서 2여단으로 승격 후 국군 전투부대 최초로 해외파병되어 베트남전쟁 중 6년 5개월간 160여 회 전투에서 적 9,619명을 사살하였다. 1973년 해군과 통합 후 해군2해병여단으로 개칭되었고 1981년 2사단으로 증편되었다. 1989년 귀순자 5명을 구출하였고, 2016년 이후 중국 조업선 퇴거를 위한 민정경찰작전을 실시하고 있다.

• 신화를 남긴 해병 / 베트남전쟁 중인 1967년 2월 14-15일간 3대대 11중대가 추라이지구 짜빈동에서 4개 대대 2,400여 명인 연대급 규모의 북베트남군 및 게릴라에 맞서 아군 전사자 15명에 적 300여 명을 사살하자 국내·외 언론들이 '한국 해병대의 새로운 신화'라며 찬사를 보냈다. 맹호부대의 둑코전투와 함께 한국군 중대전술기지의 전략·전술적 가치를 재확인시켜준 전투였다.

해병제6여단 흑룡부대

흑룡은 해병6여단, **15개 톱니바퀴**는 예하부대와 부대의 단결, **적색**은 북한지역과 육지, **청색**은 바다와 평화, **황색**은 피·땀·정열로 국가수호와 3개 도서를 의미한다.

애칭 흑룡은 예로부터 북쪽에서 가장 용맹스럽고 떠오르는 기상을 품었다고 전해지며, 여의주를 물고 북쪽을 향해 침략을 부정하고 3개 도서를 수호하는 신으로서 서북도서 최접적 북방해역 · 도서방어임무를 의미한다.

역사 6 · 25전쟁 중인 1951년 해병독립41중대가 초도 · 석도 · 연평도 · 백령도에 주둔하여 1953년 휴전 이후 초도와 석도에서 철수하자 연평도와 백령도의 부대들이 1953년 대대급 서해부대로 개편되어 1954년 미 해병대로부터 작전지휘권을 인수하였다. 1958년 해병함대부대, 1959년 함대해병경비부대, 1960년 해병도서경비부대, 1974년 해병도서방어부대를 거쳐 1977년 해병6여단으로 증 · 개편되었다.

- 연평부대와 함께 대한민국판 진먼도(金門島)를 방어하고 있는데, 대(對) 중공 접적지역의 고단함을 달래준 것이 대만의 금문고량주(金門高粱酒)이다.

해병제9여단 백룡부대

백룡은 백의민족과 순수함, **적색**은 해병대, **황색 영토**는 제주와 부속도서, **외곽줄**은 단결과 결속, **적색과 황색**은 피·땀·정열로 국가수호를 의미한다.

애칭 1990년 5월 1일 부대에서 제정하였다.

역사 1950년 제주항에서 창설된 제주기지를 모태로 1974년 6해역사령부로 개편되어 해병대 3개 대대가 주둔하였다. 1982년 제주방어사령부 창설 이후 1984년 해병9연대가 창설되었고, 2015년 제주방어사령부가 해체되며 해병9여단으로 개편되었다.

- 6·25전쟁 중인 1951년 1월 21일 육군은 제주 모슬포 상모리로 1훈련소(강병대)를 이전하였고, 이 일대에는 훈련병과 가족 등 10만여 명이 거주하는 거대한 텐트촌이 건설되었다. 이곳에서 훈련받은 제주 출신의 해병 3·4기 3천여 명은 인천상륙작전과 서울수복, 도솔산지구전투 등을 치른 역전의 용사들이었다.

해병대교육훈련단

방패는 침략부정과 평화, **상단 파도**는 상륙군인 해병대, **외곽 황색**은 명랑하고 쾌활하게 땀·정열·노력으로 단결하여 해병대 일원으로 뭉치는 정신, **진홍색**은 해병대의 전통과 피와 땀에 젖은 교장 및 영일만, **해병대 마크**는 해병대, **리본 글자**는 교육훈련단, **바탕 황색**은 명랑과 쾌활과 평화수호의 신념인 땀, **적색 글**은 정열적으로 약동하는 젊음을 조국에 바치는 전통으로 피를 의미한다.

역사

1949년 김성은 부대가 진주에서 하사관교육대를 창설하였고, 1949년 제주 모슬포에서 해병대훈련소를 운용하였다. 1950년 진해의 사관교육대, 1953년 해병교육단, 1967년 해병교육기지사령부를 거쳐 1973년 해군교육단으로 흡수·통합되었고, 1975년 1해병사단 교육대대와 1977년 포항의 2해병훈련단을 거쳐 1996년 해병대교육훈련단으로 개편되었다.

- '해병대 미래는 이곳에서 시작된다.'
- 1949년 4월 15일 창설요원들이 진해 장복산 천자봉(502m)에 올랐던 전통을 따라 1975년 해병1사단 교육대대가 포항으로 이동하면서 운제산 대왕암(471m)을 제2의 천자봉으로 명명, 역사를 이어가고 있다.

해병대군수단

방패는 침략부정과 평화 및 해병대의 강한 전투력, **7개 별**은 7개 예하부대, **적색 삼각형**은 군수지원의 전방추진, **녹색**은 육지, **청색**은 바다를 의미한다.

• 이전 마크에서는 전투부대를 나타내는 6개의 별이 있었다.

역사 1949년 근무중대로 창설되어 1955년 보급정비단, 1994년 상륙지원단, 2014년 군수지원단을 거쳐 2015년 군수단으로 개편되었다.

해병대항공단

독수리는 충성·용맹·승리와 하늘의 맹수로서 전장에서 승리를 갈망함, **도끼와 번개**는 힘·역량·전투의지, **태극**은 자긍심·애국심·국가관, **지도**는 임무수행영역, **한반도**는 조국수호와 통일의지, **밧줄**은 단합과 결속을 의미한다.

역사

1958년 경기 파주 금촌비행장에서 1사단 항공관측대가 창설되어 휴전선 인근 첩보획득과 탐색정찰임무를 수행하였고, 1962년 항공병과가 창설되었다. 1965년 창설된 2여단 항공대는 베트남전쟁에서 근접항공지원 · 탐색정찰 · 사탄유도 등 450여 회 1,537시간 임무를 수행하였다. 1971년 사령부 항공대로 통합 · 창설되어 1973년 해체되었고, 1987년 해병대사령부 재창설 후에도 해군에 머물며 환원되지 않았다. 2014년 항공병과가 재창설되어 2018년 마린온(MUH-1) 1 · 2호기를 인수하고 2021년 재창설되었다.

- 독수리의 '수리'와 100을 의미하는 '온'을 합쳐 명명된 국산헬기 수리온(KUH-1)을 개조한 마린온(Marine Utility Helicopter)은 연료탱크 확충, 주 로터 접이장치 탑재, 내(耐)해수기능 강화, 비상부주장치 설치 등으로 해병대의 입체고속상륙작전 수행능력을 향상시킬 것으로 기대하고 있다.

해병연평부대 공룡부대

외곽 성벽은 도서방어의 기본임무, **용**은 용맹과 항상 싸워 이기는 연평부대 및 최전방 접적도서에서 항재전장 의식하에 감시하고 대비하는 부대임무, **섬**은 대연평도·소연평도·우도, **청색**은 아군·바다·평화, **적색**은 적군과 북한지역을 의미한다.

애칭 **애칭 의미 알 수 없음**

역사 6·25전쟁 중인 1951년 해병독립41중대 예하 1개 소대가 최초 주둔하였다. 이후 2연대를 거쳐 도서부대로 개편되었고, 1959년 함대해병경비부대, 1960년 해병도서경비부대, 1973년 해군해병도서경비부대를 거쳐 1974년 연대급 연평부대로 창설되었다.

- 2010년 11월 23일 북한의 기습포격으로 포격전이 벌어져 아군 2명이 전사하였고, 북은 최소 30~40명의 사상자가 발생한 것으로 추정된다. 휴전협정 이후 최초의 민간인에 대한 군사도발로 2명의 민간인이 사망하였다. 이후 연평부대에 대한 장비보강과 연합 및 사격훈련의 강화, 서북도서방위사령부의 창설이 이어졌다.

길차렷 # 1

대한민국 해군 장교계급(장)

대위가 왜 무궁화를…

계급명칭 : 타군과의 차이점

해군의 장교계급(장)은 타군인 육·공군과 비교하여 차이가 있다. 타군에서 대위를 의미하는 Captain은 13세기경부터 함장계급으로 사용되어 해군에서는 함장급인 대령을 지칭한다. 반면 소형함정의 지휘관인 중령은 Master and Commander라 부른 까닭에 Commander, 타군의 보좌역을 가리키는 Lieutenant는 대위를 지칭한다. 사관생도의 경우 함정의 중앙에서 장교와 사병들간의 전령역할을 하여 Midshipman이라 한다. 계급별 자세한 차이는 아래와 같다. 참고로 해병대는 한·영어명칭 모두 육군과 동일하다.

구분	계급	견장	수장	해군	타군(육·공군)
장성급	대장			Admiral	General
	중장			Vice Admiral	Lieutenant General
	소장			Rear Admiral Upper Half	Major General
	준장			Rear Admiral Lower Half	Brigadier General
영관급	대령			Captain	Colonel
	중령			Commander	Lieutenant Colonel
	소령			Lieutenant Commander	Major
위관급	대위			Lieutenant	Captain
	중위			Lieutenant Junior Grade	Lieutenant
	소위			Ensign	Second Lieutenant
생도	사관생도			Midshipman	Cadet

계급장 : 견장(肩章)과 수장(袖章)

말 그대로 어깨와 소매에 다는 계급장으로, 해군장교들은 이곳에 금색줄의 계급장을 부착한다. 견장은 어깨에 걸친 탄띠의 고정대에서 유래하였고, 수장은 선상생활이 길어질 수록 소매가 잘 바래 이를 방지하기 위해 사용되었다. 준사관인 준위부터 대령까지는 견·수장의 모양이 동일하지만 장관급의 경우 견장에는 별을 부착한다.

길차렷 # 2

해군 함정의 분류와 명칭

유도탄고속함으로 부활한 2002년의 영웅들!

전투함정의 분류

수상함 기준으로 전투함정을 크기 순으로 분류하자면 항공모함을 제외하고 전함, 순양함, 구축함, 호위함, 초계함, 고속함/정 순으로 나뉜다.

전함(Battle Ship, BB)은 중장갑과 대구경 함포로 무장하여 2차 대전까지 전성기를 누렸으나 효율성 저하로 현재는 사라졌다고 봐도 무방하다. 순양함(Cruiser, C)은 전함보다 다소 작지만 항속능력과 속도에 중점을 둔 함정으로, 이 역시 현재 몇몇 국가에서만 활용될 뿐 대양을 누비며 작전을 수행하는 고유의 임무는 퇴색되었다. 구축함(Destroyer, DD)은 어뢰정과 잠수함을 추적하기 위해 탄생하였는데, 점차 덩치와 기능을 키워 현재는 대부분 국가의 주력전투함으로 자리잡았다. 주로 연안경비와 선단호위 등의 임무를 맡아오던 호위함(Frigate, FF) 역시 근래에는 구축함과 더불어 해군의 주력전력으로 활용되고 있다. 초계함(Patrol Combat Corvett, PCC)은 연안경비와 초계를 주임무로 한다. 고속함/정은 빠른 속도를 강점으로 내세운 함정이다. 대한민국 해군의 경우 만재배수량 500톤을 기준으로 그 이상이면 함, 이하면 정으로 분류된다.

대한민국 해군 함정의 명명(命名)

함정명칭이 선정되면 진수식에서 공식선포하며, 기존 함정이 퇴역할 경우 새로운 후속함정이 이어받는다. 또한 명칭과 관련된 지역, 종친회 등과 자매결연을 맺어 상호 우의를 다진다.

<table>
<tr><th colspan="2">함정</th><th>명명</th><th>예시</th></tr>
<tr><td colspan="2">구축함</td><td>국가의 영웅으로 추앙받는 역사적 인물이나 호국인물</td><td>세종대왕함, 광개토대왕함</td></tr>
<tr><td colspan="2">호위함</td><td>특별시, 광역시, 도청 소재지</td><td>서울함, 경기함</td></tr>
<tr><td colspan="2">초계함</td><td>중·소도시</td><td>원주함, 진해함</td></tr>
<tr><td colspan="2">유도탄고속함</td><td>해군 창설 이후 전투와 해전에서 귀감이 된 인물</td><td>윤영하함, 지덕칠함</td></tr>
<tr><td colspan="2">고속정</td><td>속력이 빠르고 신속하여 날렵한 조류</td><td>참수리</td></tr>
<tr><td colspan="2">대형수송함</td><td>대한민국 영해 수호의지를 담아 해역 최외곽도서(島嶼)</td><td>독도함, 마라도함</td></tr>
<tr><td colspan="2">상륙함</td><td>상륙 후 고지탈환의지를 담아 지명도 높은 산봉우리</td><td>비로봉함, 천왕봉함</td></tr>
<tr><td colspan="2">기뢰부설함</td><td>6·25전쟁시 해군이 기뢰전을 수행한 튀르키예지역</td><td>원한함, 남포함</td></tr>
<tr><td colspan="2">기뢰탐색·소해함</td><td>해군기지에 인접한 군·읍</td><td>양양함, 김포함</td></tr>
<tr><td colspan="2">군수지원함</td><td>유류, 청수(淸水) 등을 적재하여 담수량이 큰 호수</td><td>천지함, 대청함</td></tr>
<tr><td colspan="2">잠수함구조함</td><td>해양력 확보와 관련하여 연관이 깊은 지역</td><td>청해진함</td></tr>
<tr><td colspan="2">수상함구조함</td><td>해안지역에 위치한 대표적인 공업도시</td><td>평택함, 광양함</td></tr>
<tr><td rowspan="3">잠수함</td><td>장보고 I</td><td>바다와 관련하여 국난 극복에 공이 있는 인물</td><td>장보고함, 최무선함</td></tr>
<tr><td>장보고 II</td><td>항일독립운동에 공헌했거나</td><td>손원일함, 유관순함</td></tr>
<tr><td>장보고III</td><td>광복 이후 국가발전에 크게 기여한 인물</td><td>도산안창호함</td></tr>
</table>

· 진수식은 진수자가 진수대와 함정간 연결된 줄을 진수내용이 적힌 (금)도끼로 자르고 함선에 샴페인을 깨뜨리는 순으로 진행된다. 근래에는 안전상 가위로 줄을 잘라 매달려 있던 샴페인이 부딪치도록 한다. 이는 탯줄을 자르고 세례를 주는 것을 의미하여 본래 바다에서 재난(災難)을 피하고자 사람을 재물로 바치는 것에서 피를 뜻하는 적포도주를 붓는 것으로 변하였고, 19세기 이후 샴페인으로 바뀌었다. 진수자 역시 최초 남성에서 세례의식이 부여되며 성직자를 거쳐 영국 빅토리아 여왕 이후 여성으로 바뀌었다. 따라서 배 또한 여성형을 사용한다.

대한민국 공군

대한민국 공군 소개

1920년 미국 캘리포니아에서 1년여간 운용된 윌로스 한인비행학교에 뿌리를 두고 있다. 광복 이후 1946년 최용덕 장군을 중심으로 설립된 한국항공건설협회를 기반으로 1948년 조선경비대 항공부대가 창설되어 항공기지부대, 항공기지사령부를 거쳐 1949년 10월 1일 대한민국 공군으로 탄생하였다.

1948년 공군 최초의 항공기 L-4와 5를 인수하였으며 이듬해 육군항공사관학교를 설립하였다. 1948년 여순사건을 시작으로 1949년 제주 4·3사건 지원 및 지리산·태백산지구 공비소탕작전을 수행하였다.

1950년 6·25전쟁이 발발하자 연락기와 훈련기에서 274발의 폭탄을 맨손으로 투하하며 전투를 치렀고, 7월 2일 일본에서 10대의 F-51 전투기를 인수하여 전쟁기간 총 14,163회 출격하며 공비토벌작전, 승호리철교 차단, 36회 평양대폭격, 351고지전투 지원작전 등의 임무를 완수하였다. 1951년 미 공군과의 합동작전을 종료하고 독자작전 수행을 위해 1전투비행단을 창설하여 10전투비행전대가 강릉기지에서 최초로 단독출격하였다.

휴전 이후 최초의 국산항공기 부활호를 제작하였고, 1955년 C-46 수송기를 도입하여 단독공수 임무를 시작하였으며, F-86 전투기와 T-33 훈련기를 도입하며 제트기시대를 열었다. 이와 함께 30비행관제경보대대 창설과 미군으로부터 인수한 레이더기지로 전술요격관제와 독자적인 방공관제능력을 갖추었다.

1960년 F-86D 전천후 요격기, 1965년 F-5A/B 전투기, 1966년 베트남파병 등 장거리수송을 위한 C-54 수송기와 1969년 아시아 최초로 F-4D 전폭기를 도입하였다. 1961년 작전사령부와 1962년 아시아 최대규모의 항공창, 그리고 1966년 군수사령부를 창설하였다. 같은 해 공군 최초 파병부대인 은마부대가 베트남에서 공수활동을 수행하였으며, 이듬해 주월공군지원단이 창설되었다.

1970년 S-2A 해상초계기를 인수받아 1976년 해군에 이관하였고, 1973년 T-37 훈련기, 1974년 F-5E 전투기, 1976년 A-37B 공격기와 1977년 F-4E 전폭기를 도입하였으며, 1971년 기술고등학교와 1973년 교육사령부를 창설하였다.

휴전 이후 공군은 1967년 옹진 덕적도를 비롯하여 태안 격렬비열도, 1969년 신안 흑산도와 소흑산도, 1970년 강원 거진, 1971년 소흑산도와 강원 묵호, 1983년 부산 다대포 등지에서 총 19차례 대간첩작전을 수행하며 11척의 북한간첩선을 격침시켰다.

1982년 공군구성군사령부를 창설하였으며, 국산전투기 KF-5F 제공호, 1985년 대통령전용기 B-737, 1986년 F-16D 전투기에 이어 1988년 C-130H 수송기를 도입하였다. 1986년 방공 및 항로관제체제를 수동식에서 자동식으로 바꾸었다.

1991년 육군으로부터 방공포병을 인수하여 방공포병사령부를 창설하였으며 HH-47 헬기를 도입하였다. 1992년 T-59 훈련기, 1994년 CN-253M 수송기, 1995년 KF-16C 전투기와 1999년 T-38A 훈련기를 도입하였다. 1991년 비마부대가 걸프전, 1993년 소말리아, 1999-2000년 동티모르, 2001년 청마부대가 아프가니스탄, 2004년 다이만부대가 이라크 등에서 활약하였다. 1997년 3군 최초로 여생도가 공군사관학교 49기로 입학하였다.

2000년 최초의 국산훈련기 KT-1, 2005년 F-15K 전폭기 및 최초의 국산초음속기 T-50, 2008년 패트리어트 유도무기체계를 도입하였다.

2011년 E-737 공중조기경보통제기, 2012년 TA-50 훈련기, 2013년 FA-50 경공격기, 2018년 KC-330 공중급유기, 2019년 고고도무인정찰기 RQ-4 및 F-35A 스텔스전투기를 도입하였고, 2013년 방공관제사령부와 2016년 공중기동정찰사령부 및 공중전투사령부가 창설되었다. 2008년 F-15K가 레드플래그 훈련에 참가하였으며, 이후 KF-16과 C-130 등이 뒤를 이었다.

공군은 모든 조종사 양성과정을 국산항공기로 대체하고, 국내기술로 무인기와 방공무기를 비롯하여 4.5세대 전투기 KF-21을 개발 중이며, 우주시대를 맞아 공중에서 우주로 넓혀 우주작전능력 신장을 위한 체제개편을 진행 중이다.

공군본부 계룡대

무궁화 환은 공군인의 한없는 애국애족정신, **독수리**는 국가안보의 핵심전력으로서 용맹과 진취성, **월계**는 호국의 충성심으로 나아가 싸우면 반드시 이기는 필승공군의 영광, **별**은 국토방위와 국민의 안녕을 책임지는 막중한 임무를 의미한다.
(1949년 10월 1일 창군을 맞아 창설 7인 중 한 분인 박범집 소장이 고안하였다.)

역사

1948년 조선경비대 항공부대를 모체로 1949년 창설되어 1969년 10대 참모총장 김성룡 장군이 최초로 대장으로 진급하였다. 1975년 2사관학교를 창설하여 1984년까지 유지하였고, 1982년 공군구성군사령부를 창설하였고 1985년 대통령전용기를 도입하였다. 1989년 계룡대로 이전하였으며 2023년 우주작전대대를 창설하였다.

- 애칭 계룡대에 대해서는 『육군부대도감』 육군본부 항목 참조
- 2019년 12월 20일 미국은 7번째 군종인 우주군을 창설하였다. 우주 및 가상공간에서의 지배력 강화를 목적으로 하며, 2022년에는 주한 미 우주군이 창설되었다.
- 제아무리 계룡대에 장군들이 인산인해를 이룬다고 하지만 준장(원스타)이 마대질을 하지는 않는다.

공군작전사령부 칠성대

녹색은 완벽성과 통합전력 발휘, **월계수 모양**은 승리와 영광, **태극**은 대한민국, **방패**는 조국의 영공방위, **청색 모양 꺽쇠(∧)**는 창공, **백색 모양 꺽쇠(∧)**는 지휘통제, **백색 화살촉**은 항공전력, **황색 번개**는 조기경보와 방공통제체계, **독수리 날개**는 공군을 의미한다.

역사

1961년 오산에서 창설되었다. 1967년 서해 목덕도 해상에서 50톤급 무장간첩선 격침 이후 440여 회 출격하여 무장간첩선 8척, 반잠수정 2정을 격침 · 지원하였다. 1991년 걸프전 당시 비마부대가 320여 회, 2001년 항구적자유작전의 청마부대가 2,600시간의 공수작전을 완수하였다. 1975년 전술개발훈련본부, 1980년 전술항공통제본부(TACC), 2019년 위성감시통제대를 창설하였다

- 공보정훈실 소속의 항공촬영사가 각종 비행훈련은 물론 블랙이글스의 에어쇼 등에 함께하고 있다. 이들은 조종사와 같이 가속도내성·비상탈출·생환훈련을 이수하며, 조종사·관제사들의 항공용어도 습득해야 한다. 기존 외국인 촬영사에 의존하던 중 2005년 KT-1과 T-50 항공기 개발을 맞아 육성·도입되었다.

공중기동정찰사령부

방패는 철통 같은 조국영공 방어태세, **삼각편대**는 부대임무와 작전사·공중전투사·기동정찰사의 혼연일체 전력운영, **흑백색**은 24시간 쉼 없이 조국하늘과 우주수호, **십자 레이더**는 기동기의 프로펠러와 헬기의 로터로 빈틈 없고 정확한 임무수행, **비행운**은 신속한 기동성과 우주를 지향하는 진취적인 기상, **독수리**는 공군과 기동성을 바탕으로 조국영공을 포용하며 국토방위에 만전을 기하는 모습, **태극**은 대한민국과 지구를 의미한다.

역사 2010년 북부전투사령부로 창설되어 2016년 공중기동정찰사령부로 개편되었다.

- 여타 수송기에 비해 공중급유기의 경우 이·착륙거리가 길고 탑승교 혹은 이동용 탑승계단인 스텝카가 필요하여 보통 국제공항급의 장소만 이동이 가능하다.
- 공중급유기 기체정비사의 임무는 전투기 정비사와 차이가 있다. 항공기 정비 외에도 유사시 90초 비상탈출시간 내에 신속한 대피를 위해 전방석으로의 승객 안내와, 갤리(음식준비공간)와 화장실 수시점검을 비롯하여 무게와 평형을 고려해야 하는 화물적재 특성상 화물적재사(Load Master) 자격증을 보유하고 있다.

공중전투사령부

방패는 절대 뚫리지 않겠다는 영공방위에 대한 결연한 의지, **4개의 삼각형**은 전투기 및 다양한 전투기종간 응집력을 통한 완벽한 영공방위 임무완수에 대한 의지, **삼각형의 4색상**은 공군의 4대 핵심가치, **3선**은 영공수호의 핵심사령부인 작전사, 공중전투사, 공중기동정찰사의 상시출격 가능의 전투력과 공중전투사령부 영문약자 A.C.C, **청색**은 대한민국 영공, **태극**은 국가에 대한 충성과 대한민국을 의미한다.

역사 2003년 대구에서 남부전투사령부로 창설되어 2016년 공중전투사령부로 개편되었다.

- 출격을 뜻하는 소티(Sortie)는 라틴어의 '나가다', '일어나다'를 뜻하는 Surgere에서 유래한 '나가다'라는 의미의 불어이다. 고대 서양의 공성전(攻城戰)에서 방어군이 주로 기병을 활용한 기습·반격작전을 위해 성 밖으로 나가는 것을 의미하였다. 본래 병력과 군함의 출격도 포함하였으나 현재는 주로 군용기의 단독 출격 횟수를 의미한다.

공군미사일방어사령부

지구의 청색은 공중우세가 확보된 영공, **지구의 적색**은 영공수호를 위한 방공포병인의 결연한 각오와 열정, **유도탄**은 방공포병 화력이 투사되는 최첨단 무기체계의 총아인 요격미사일, **번개**는 적 공중·미사일 위협을 전광석화처럼 신속정확하게 일발격추하겠다는 방공포병의 전투의지, **위성**은 적 미사일을 실시간 탐지하는 조기경보위성, **별**은 미사일방어사령부와 예하부대, **흑청색**은 방공포병 작전영역의 우주로 확장, **방패**는 적 공중·미사일 위협으로부터 대한민국 영공을 방어하는 방공포병의 임무와 역할을 의미한다.

역사

6·25전쟁 중 수원비행장에서 창설된 육군고사포대대를 모체로 1955년 1고사포병여단으로 창설되어 1972년 방공포병사령부로 확대개편되었다. 1991년 공군으로 전군(轉軍)되어 2013년 공군방공유도탄사령부를 거쳐 2022년 공군미사일방어사령부로 개칭되었다.

- 각종 사격훈련을 지원하는 예하 사격지원대는 무인표적기 운용과 회수를 관리감독하며 사격구역 출입을 통제한다. 무인표적기 조종사는 5년여의 교육기간을 거친다.
- 일반적으로 고지대에 위치한 예하부대 특성상 일반 승용차로는 이동이 쉽지 않아 산 초입에서 버스와 트럭을 합친 일명 버럭(Buruck)으로 불리는 부대차량으로 이동한다. 동절기의 경우 서행운전으로 1시간여 소요되기도 한다.

방공관제사령부

활은 적을 향한 즉각전투 준비태세, **별**은 하늘의 불침번 방공관제사령부와 예하부대, **성벽**은 철벽 같은 대한민국 영공 수호의 지, **전파**는 신속정확한 정보교환으로 성공적 요격임무 수행, **스코프**는 24시간 무중단 운영으로 하늘을 지키는 잠들지 않는 눈을 의미한다.

역사

1955년 30비행관제경보대대로 창설되어 1957년 30관제경보전대, 1963년 30방공관제단을 거쳐 2013년 방공관제사령부로 승격되었다. 1985년과 2003년 중앙방공통제체계를 자동화하였고 최우수 방공무기통제사를 선발하고 있다.

- 1980년 시작된 공중전투요격통제대회를 통해 최우수 방공무기통제사를 선발하고 있으며, 사령부 신조인 '하늘을 지키는 잠들지 않는 눈'에서 착안한 '골든아이'라는 칭호가 부여된다. 지상(중앙방공통제소/MCRC)·공중(E-737항공통제기)통제분야와 개인·부대별로 나뉘어 선정한다.

공군교육사령부 비성대

번개는 빠르게 움직이며 조국의 밤하늘을 밝게 비춤, **독수리**는 영공방위의 표상, **톱니바퀴**는 각 교육기관의 조화, **열쇠**는 조국 수호의 핵심역할을 의미한다.

역사

1951년 경북 자인에서 항공교육대, 1952년 항공병학교와 기술학교, 1954년 통신전자학교를 창설하고 1956년 이를 통합한 기술교육단, 1971년 학생군사교육단과 공군기술고등학교, 2005년 군수학교와 행정학교 등을 창설하였다. 1973년 기술교육단이 공군교육사령부로 승격되었고, 1975년 2사관학교를 창설하여 1984년까지 유지하였다. 1995년 항공병학교가 기본군사훈련단, 2002년 통신전자학교가 정보통신학교, 2006년 공군기술고등학교가 공군항공과학고등학교, 2013년 기술 및 군수학교가 각각 군수1 · 2학교로 개칭되었다.

- 공군항공과학고등학교는 현역 공군대령이 교장으로 재임 중인 항공기술 분야 전문학교로, 1969년 공군간부학교로 창설되어 1971년 공군기술고등학교로 개칭되었고, 2008년 여학생 입교를 허용하였다.

공군군수사령부

독수리는 공군, **톱니바퀴**는 완전무결한 정비지원, **열쇠**는 신속한 보급지원, **청색**은 푸른하늘과 평화를 의미한다.

역사

1951년 80항공창과 1952년 40보급창을 창설하였고, 1957년 40보급창과 81수리창을 통합한 항공본창이 1964년 항공창사령부를 거쳐 1966년 대구에서 공군군수사령부로 개편되었다. 1973년 군수전산소, 1989년 60수송전대, 1991년 항공기술연구소, 2013년 종합보급창을 창설하였다.

- 조종석에 앉은 김영환 장군의 사진에서 알 수 있듯 창군 당시 근무복에 정모와 단화를 착용하던 비행복은 1950년 F-51 도입 이후 비좁은 조종석에서 활동편의성과 탈출 후 신속한 환복을 위해 상·하의가 결합된 미 공군의 커버롤(Coverall)을 착용하기 시작하였다. 1960년대 국산화하면서 동·하복으로 나뉘었고, 2009년에는 인체에 맞는 비행복이 지급되었다. 재질은 난연성 아라미드 소재이다.

공군사관학교 성무대

독수리는 항공기와 공군, **士**는 문무를 겸비한 정예장교를 양성하는 학교기관, **14개 별**은 대한민국 14도(道)를 의미한다. **<마크>**

독수리는 미래 항공시대의 중역인 정예 공군사관생도, **방패**는 국가수호의 간성으로서 사관생도의 조국수호의지, **별**은 훌륭한 지휘관으로 성장하는 사관생도의 커다란 꿈과 이상, **월계수**는 지·덕·용을 겸비한 사관생도의 명예심, **무궁화와 태극**은 통일조국 영공수호의 방향을 의미한다. **<모표>**

• 보라매의 고향이지만 마크에는 독수리가 있다. 참고로 보라매가 커서 독수리가 되지는 않는다.

역사

1949년 김포에서 육군항공사관학교로 창설되어 공군 독립 이후 공군사관학교로 개칭되었고, 1955년 4년제 교육과정으로 개정되었다. 1963년 이후 미 공사와 교환방문을 실시하고 있으며 1965년 초음속 풍동실험실, 1982년 전자계산소가 설치되었다. 1997년 3군 최초로 여생도가 입학하였다.

• 성무대는 메추리들이 용맹한 보라매로 성장하는 요람으로, 성(星)은 하늘 높은 곳의 숭고함을, 무(武)는 공군의 정예간성을 양성하는 공군사관학교의 의지와

신념을 의미하며, 1966년 4월 11일 공사 4기 사관생도 임관 10주년을 기념하여 박정희 대통령이 명명하였다.

- 대방동에 위치한 공군사관학교가 떠난 자리에는 보라매공원이 자리잡았다. 본부중대·성당·교회가 청소년회관·도서실·아트갤러리로 바뀌었고, 성무탑과 연병장 등도 잘 보존되고 있으며 각종 다양한 항공기들이 전시되어 있다.

제1전투비행단 남성대

별은 군과 1전투비행단, **독수리**는 조국 영공을 방위하는 용맹스러운 조종사와 항공기, **청색**은 하늘, **번개**는 신속한 기동성을 의미한다. **<마크>**

상단 문구는 대한민국 공군 최초의 비행단, **하단 문구**는 부대목표, **전투기**는 대한민국 영공을 수호하는 비행단과 항공기, **엄지**는 최초의 비행단으로서 자부심과 긍지를 의미한다. **<긍지마크>**

- 부대 모토인 First and Best는 예전 공군사관학교 생도1편대가 사용하기도 했다.
- 여타 비행단들은 First는 맞으나 Best는 아니라며 인정하기를 꺼리기도 한다고.

역사 1949년 여의도에서 최초의 비행단인 공군비행단으로 창설되어 1951년 사천에서 1전투비행단으로 개편되었다. 6·25전쟁 중 1950년 F-51 무스탕으로 최초 출격하며 8,000여 회 임무를 완수하였다.

- 고등교육을 이수한 공군조종사는 빨간 마후라와 조종흉장을 부여받는데, 이후 7년 이상의 공중근무와 1,000시간 이상 비행하거나 비행대장 보임자의 경우 상단에 별을 추가하여 선임조종흉장을, 그리고 15년 이상의 공중근무와 1,500시간 이상 비행하거나 비행대대장 보임자의 경우 별에 월계수를 두른 지휘조종흉

장을 수여받는다. 이외에도 항공무장사·적재사·구조사·정비사·통신사·촬영사·의무사 등도 각각의 흉장을 수여받는다. 참고로 육군 특전사의 강하휘장 역시 강하횟수에 따라 별과 월계수로 구분한다.

- 설마 남쪽에 있어 남성대인가…

제3훈련비행단 토성대

별은 비행단, **3**은 3훈련비행단과 활주로, **토성**은 비행단의 상징, **무지개**는 부서와 병과별 화합과 융화, **별자리**는 북쪽하늘 별자리로 공군의 방향성을 제시하는 삶의 이정표, **암청색 테두리**는 공군의 상징색과 일치단결을 의미한다.

역사

1968년 대구에서 3훈련비행단으로 창설되었으며, 1992년 T-59 고등훈련기, 2000년 KT-1 기본훈련기를 도입하였다. 주둔기지는 6·25전쟁 당시 한때 공군의 전 전투부대가 집결하여 지리산 공비토벌과 조종사 양성에 활용되었다.

- 애칭 토성대는 흙은 모든 생명이 태어나는 근원으로, 공군에서 가장 근본적이고 필수적인 전력임을 의미한다.
- 1975년 월남이 패망하자 한·미 국방장관 회담을 거쳐 태국으로 넘어간 공격기 A-37B 중 27기를 이듬해 도입하여 중등비행교육 훈련기로 활용하였다. 이후 북한의 AN-2 침투에 대비한 공격기 및 특수비행팀 블랙이글스 기체로 전용(轉用)되었고, 퇴역 후 일부가 페루에 무상양도되었다.

제5공중기동비행단 해성대

적색은 정열과 조종사의 빨간 마후라, **청색**은 푸른 창공과 공군의 일터이자 싸움터, **월계수**는 전쟁에서 최후의 승리, **5개의 별**은 5공중기동비행단, **은마**는 조국을 수호하고 웅지를 품고 세계로 뻗어가는 공중기동항공기를 의미한다.

역사

1955년 대구에서 5공수비행전대로 창설되어 1966년 비행단을 거쳐 2013년 5공중기동비행단으로 개편되었다. 1966년 베트남에 은마부대(55항공수송단), 1991년 걸프전에 비마부대(56항공수송단), 1993년 소말리아, 1999년 및 2000년 동티모르, 2001년 아프가니스탄 및 청마부대(57항공수송단), 2004년 다이만부대(58항공수송단)가 파병되었다. 미 공군이 주관하는 국제공중기동기전술기량대회(RODEO)에 참가하고 있으며 2009년 최우수 외국팀상을 수상하였다.

- 수송기에는 보통 2명의 조종사와 항공정비사, 항법사, 화물적재사가 각 1~2명씩 조를 이뤄 탑승한다.
- 기지 내 예비수송기의 명칭에서 유래한 RODEO는 1956년 인디애나주 바칼라 공군기지에서 시작되었으며, 1960년대 들어 해외신속파병과 화물수송임무를 강조하는 방향으로 전환되었다. 대한민국 공군은 1994년 최초 참가하였다.
- 설마 지구로부터 5번째 행성이라 해성대인가…

제8전투비행단 명성대

청색 테두리는 푸른 지구, **태극**은 대한민국, **8**은 8전투비행단과 역동성, **빛**은 비행단의 미래지향성, **독수리**는 대한민국을 수호하는 비행단의 용맹을 의미한다.

역사

1961년 여의도에서 1훈련단 31전술통제비행전대 공지협동작전교육대로 창설되어 1962년 대대, 1963년 공지협동작전학교, 1971년 36전술통제비행전대, 1979년 8전술통제비행단을 거쳐 1988년 8전투비행단으로 개편되었다.

• 설마 (과거) 지구를 제외한 8번째 행성이라 명성대인가…

제10전투비행단 화성대

원은 동해의 떠오르는 태양, **백색 선**은 활주로와 1, **태극**은 충성과 0, **별**은 공군 최일선부대로서 영원히 빛남을 의미한다.

역사

1951년 경남 사천에서 공군 최초의 전투비행부대인 1전투비행단 10전투비행전대를 모체로 1953년 강릉에서 비행단으로 개편되었다. 6·25전쟁 당시 공군의 3대 작전인 승호리 철교 폭파, 평양대폭격, 351고지 공격 등을 완수하였다. 휴전 이후 1967년 덕적도 무장간첩선 격침 등 7회의 대간첩작전과 1983년 이웅평 대위, 1996년 이철수 대위의 귀순작전을 수행하였다.

- 6·25전쟁 중인 1952년 7월 1일 비행단의 전신인 10전투비행전대가 승호리철교 폭파 전공(戰功)으로 공군 최초의 대통령부대표창을 받았다.
- 초대 전대장 김영환 대령이 1951년 11월 최초로 빨간 마후라를 착용하였다.
- 1983년 2월 25일 중공제 J-6(미그-19기 복제품)를 몰고 귀순한 이웅평 대위(상위)는 대한민국 공군으로 전환하여 대령까지 진급하였고 1996년 지병으로 별세했다. 기체 자체에 레이더가 장착되지 않아 귀순 당시 50~100m 고도에서 KBS 주파수에 맞춰 비행한 것으로 알려졌다.

제11전투비행단 광성대

백색은 백의민족, **흑색**은 창공을 넘어 우주로 뻗어가는 기상, **별**은 11전투비행단과 호국간성의 별, **독수리**는 공군, **미사일**은 전투기 무장과 적에 대한 응징, **태극**은 대한민국, **가로세로줄**은 미래와 우주로의 발전과 은하수를 의미한다.

역사

6·25전쟁 이후 전력증강계획인 무술작전의 일환으로 1958년 김포에서 창설되어 1969년 '하늘의 도깨비' F-4D, 1977년 F-4E, 1986년 F-16, 2005년 F-15K를 각각 최초로 도입하였다. 1983년 이웅평 대위 귀순작전을 수행하였고, 2008년 알래스카 레드플래그 훈련에 참가하였다. 2010년 세계 최장기간 운용한 F-4D 퇴역식을 가졌다.

- 1951년 8월 1일 12전투폭격대대로 창설되어 1953년 지금의 이름으로 개칭된 102전투비행대대는 6·25전쟁 당시 공군 최초로 전투에 투입되었으며, 이후 최초의 제트기 및 초음속전투기를 도입·운용한 대대이다.
- 2013년 레드플래그(Red Flag) 훈련 당시 공군 최초로 공중급유를 받아 알래스카까지 전개하였다.

제15특수임무비행단 한성대

청색은 공군, **태극**은 대한민국, **별**은 지휘관 및 부대단위 규모, **3개의 삼각형**은 예하부대·화합·안정, **15**는 15전투비행단을 의미한다.

역사

6·25전쟁 당시 대구에서 창설된 본부사령실 106비행대대를 모체로 1974년 신촌리에서 15전투비행단으로 창설되어 1992년 15전투혼성비행단, 1993년 15혼성비행단, 2013년 15특수임무비행단으로 개편되었다. 1991년 걸프전에 파병되었다.

- 1916년 건설된 여의도공항(경성비행장)은 1948년 조선경비대 항공부대의 창설지로, 1953년 국제공항지위를 획득하였고, 1955년 미군으로부터 공군이 인계받아 운용하였다. 이를 바탕으로 대방동에 공군본부·공군대학·공군사관학교 등이 들어섰으나 1971년 서울공항이 건설되자 각각 지방으로 이전하였다.
- 특전사 공수기본훈련 중 긴장을 풀랍시고 불편한 강하복에 낙하산을 맨 채로 드넓은 활주로에서 선착순을 시키기도 한다. 없던 긴장도 어김없이 풀리지만 다리와 동공 역시 함께 풀린다.

제16전투비행단 예성대

청색은 공군의 임무영역인 창공, **횃불**은 비행단의 무궁한 발전과 정열적이며 선봉자적인 임무완수의지, **번개**는 신속하고 강력한 최상의 전투력, **지구와 비행**은 지구와 우주를 아우르는 우리의 꿈, **외곽 백색 원**은 화합과 단결을 의미한다.

역사 1976년 창설되었으며 2002년 최초로 여성조종사를 배출하였다.

- 예천기지는 1976년 최초로 순수 국내자본과 기술로 건설한 공군기지이다. 6·25전쟁 당시 미 공군은 김해(K-1), 김포(K-14), 여의도(K-16), 평양(K-24), 강계(K-36) 등 총 55곳의 비행장을 활용했는데, 직접 건설한 오산기지(K-55) 외에는 일제강점기 시절 지어진 것을 보수하거나 임시로 사용한 것들이었다.
- 설마 예천이라 예성대인가…

제17전투비행단 천성대

번개는 번개 같은 출동으로 제공권 장악, **비행기 3대**는 예하부대와 영공방위 핵심전력, **7개의 구름**은 행운과 완벽, **태극**은 대한민국, **적색**은 하늘, **청색**은 땅, **황색**은 천지를 누비며 번개 같은 활동으로 1당 5의 전력우위를 의미한다.

역사

1978년 청주에서 창설되어 2019년 공군 최초로 5세대 전투기를 전력화하였다.

- 1984년 3월 14일 팀스피리트훈련 당시 17전투비행단 소속으로 폭격임무를 수행하던 박명렬 소령(당시 대위)이 애기(愛機) F-4E와 함께 순직하였다. 2007년 7월 20일, 공사 52기 출신의 아들 박인철 소령(당시 대위 진)이 20전투비행단 소속으로 KF-16D와 함께 참가한 야간훈련 중 역시 순직하고 만다. 공사는 2009년 3월 두 부자(父子)의 흉상을 세워 추모하였는데, 2023년 AI 기술을 활용하여 모자(母子)간의 상봉이 이뤄졌다. 사고 전 현충일을 맞아 현충원의 부친묘역을 찾아 참배한 아들 박인철 소령은 불과 두달도 안 되어 유일한 부자묘역으로 그 곁에 안장되었다. 아버지가 공사 26기로 입교한 26년 후 아들이 뒤를 이어 입교하였다.

제18전투비행단 동성대

별은 무한한 가능성과 희망, **독수리**는 공군과 전투조종사의 표상, **태양**은 동해에 솟아오르는 태양, **파도**는 동해안의 푸른 파도, **18**은 18전투비행단과 활주로, **방패**는 민족의 완벽한 방패를 의미한다.

역사 1977년 강릉에서 창설되어 1996년 강릉 무장공비소탕작전 당시 4개월간 근접항공지원작전을 수행하였다.

- 예전에 18전투비행단에 배치받으면 갈 때 울고 올 때 운다는 말이 있었다. 갈 때는 부대위치가 오지(奧地)에 속해 울고, 올 때는 정이 들어 운다는 의미이다.
- 설마 동해안에 있어 동성대인가…

제19전투비행단 은성대

우주배경은 항공우주군으로서의 미래가치, **적색 테두리**는 불굴의 정열·투지·헌신, **태극의 별**은 무한한 가능성과 희망, **태극**은 화합과 단결의 대한민국과 지구, **날개**는 제공권을 장악하는 독수리날개, **금색 화살표**는 대한민국을 지키는 가장 높은 힘인 공군과 항공기, **19**는 최강의 19전투비행단을 의미한다.

역사

1991년 충북 중원군에서 창설되어 1996년 이철수 대위의 MIG-19 귀순유도 및 2019년 러시아 군용기 영공침범 대응작전 등을 수행하였다.

- 1996년 5월 13일 미그19기를 몰고 귀순한 북한 공군1비행사단 57연대 2대대 책임비행사 이철수 대위는 공사 35기와 동기로 인정받아 대한민국 공군 소령으로 전환하여 2022년 대령으로 예편하였다. 귀순조종사 중 1950년 4월 귀순한 이건순 중위를 시작으로 6번째 이웅평 대령에 이은 7번째 대령 진급자였다.

제20전투비행단 용성대

20은 태극마크의 굳건한 토대 위에 서 있는 20전투비행단, **원형테두리**는 지구, **태극마크**는 대한민국, **2대 항공기**는 미래로 뻗어가는 비행단의 무궁한 발전과 영공수호의지를 의미한다.

역사 1996년 창설되었고 KF-16의 고향으로 불린다.

- 국내 최대규모 공군기지로 기지 내 대중교통망이 운영되고 있다.

제39정찰비행단

독수리는 한번 잡은 표적은 놓치지 않겠다는 임무수행의지, **금속 날개**는 용맹과 강인함, **번개**는 정찰임무수행을 위한 신속한 비상, **지구**는 언제 어디서든 필요한 표적을 반드시 획득하겠다는 의지, **흑색과 백색**은 주야간 정찰임무 수행, **청색 원**은 무궁한 발전, **하단 백색 원**은 정확한 표적탐지와 획득능력을 의미한다.

역사

1951년 사천에서 2전술정찰비행전대로 창설되어 1989년 39정찰비행전대와 39전술정찰비행전대를 거쳐 2020년 39정찰비행단으로 개편되었다.

- 공군 비행단 최초로 각종 유·무인 감시·정찰자산들을 복합운용 중이며, 고도와 임무별로 구분되어 한반도 전 지역에서 24시간 임무를 수행하고 있다.

공군제1미사일방어여단 수성대

별은 1여단, **미사일**은 미사일방어의 핵심무기체계, **독수리**는 영공방위의 굳은 의지, **방패**는 적 공격에 대한 완벽한 방어태세, **청색**은 대한민국의 영공을 의미한다.

역사

1955년 육군1고사포병여단으로 창설되어 1966년 1방공포병여단으로 개편되었고, 1991년 공군으로 전군되었다. 2014년 공군1방공유도탄여단을 거쳐 2022년 공군1미사일방어여단으로 개편되었다.

- '철매'라는 별칭으로도 불리는데, 쇠로 무장한 매가 적기를 신속·정확하게 격추하는 날렵한 방공무기와, 매의 눈처럼 레이다로 영공을 침범하는 모든 적기를 포착·추적·격추하겠다는 필승의 신념을 의미한다. 적기를 옭아매는 공포의 대상으로서 방공주력부대의 긍지와 자부심을 내포하고 있다.

공군제2미사일방어여단 지성대

2개 별은 2여단 및 높은 꿈과 희망, **독수리**는 공군, **2개 미사일과 흔적**은 여단과 미사일방어, **방패**는 공중위협으로부터 대한민국 영공을 수호하는 굳은 의지를 의미한다.

역사

1972년 주한미군의 호크와 나이키유도탄을 인수하여 충남 서산에서 육군2방공포병여단으로 창설되었다. 1991년 공군으로 전군되어 2014년 공군2방공유도탄여단을 거쳐 2022년 공군2미사일방어여단으로 개편되었다.

- 예하부대가 대한민국 국군 최고인 해발 1,400m와 만만치 않은 위도상에 위치하여 사실상 2계절 환경이나 다름 없다.

공군제3미사일방어여단 천성대

3개 별은 3여단, **방패**는 적 항공기와 탄도탄에 대한 완벽한 방어태세, **태극 미사일**은 용맹, **바탕색**은 공중과 우주로 여단의 강력한 힘을 의미한다.

역사

1986년 육군3방공포병여단으로 창설되어 1991년 공군으로 전군되었으며, 2014년 공군3방공유도탄여단을 거쳐 2022년 공군3미사일방어여단으로 개편되었다.

- 영공방위 최전방에서 최초 교전부대로서의 책임감과 사명감이 막중하다.

항공정보단

별은 주요 임무활동, **눈**은 24시간 빈틈 없는 감시, **독수리**는 각종 장비, **지구**는 임무의 확장을 의미한다.

역사 1986년 창설된 37전술정보전대가 모체로 2017년 개편되었다.

제6탐색구조비행전대

태극은 대한민국, **6**은 6비행전대, **헬기**는 부대장비, **SAR**은 Search And Rescue(탐색구조), **청색**은 공군, **백색**은 구조인의 희생과 봉사정신을 의미한다.

역사

1958년 UH-19 헬기를 보유한 33구조비행대대로 창설되어 1976년 233구조비행대대, 1982년 6전술공수비행부대를 거쳐 1992년 6탐색구조비행전대로 개편되었다. 1971년 대연각호텔 화재, 1993년 목포 아시아나 항공기 추락, 1994년 성수대교 붕괴, 1995년 삼풍백화점 붕괴 등의 국가재난은 물론 2002년 서해교전 부상자 수송과 2003년 군산 앞바다 미 F-16C 조종사 구조임무를 수행하였다.

- 조종사 구조에는 저속·저공·제자리비행이 가능한 헬기가 적합하며, 2명의 조종사와 1명의 정비사, 그리고 2인 1조의 항공구조사가 함께 출동한다. 헬기 조종사들은 악천후 속 비행훈련을 중심으로 교육받고 있으며, SART(Special Airforce Rescue Team)라 불리는 적갈색의 머룬베레 항공구조사가 소속되어 있다.

제7항공통신전대

적색 번개는 전광석화와 같은 신속한 네트워크구축 의지, **큰 별**은 북극성과 공군정보통신 핵심임무 수행의 자긍심, **북두칠성**은 7항공통신전대와 인화단결, **지구(그물망)**는 사이버·전자전 수행 전장(戰場)이자 임무수행공간인 네트워크, **황색 띠**는 임무목표인 전파와 정보의 원활한 흐름을 의미한다.

역사

1955년 대구에서 7항로보안단으로 창설되어 1950년대 후반 미 공군이 관리하던 중앙 항로교통관제소(ARTCC)를 이어받아 운영하였고, 1995년 7항공통신전대로 개편시 정부로 이관하였다. 1991년 걸프전에 참전하였다.

- ARTCC(Air Route Traffic Control Center). 1998년 3월 3일. 6·25전쟁 이후 최초로 우리나라 국적기가 북한영공을 비행하였다. 8시 57분 대한항공 화물기가 북한의 평양 비행정보구역(FIR)에 진입하자 국제관례대로 상호 영어로 교신 중 자국에서는 자국어 교신이 가능한 규정을 활용한 우리 측의 제안으로 한국어로 교신하였다. 1997년 남·북은 평양 비행정보구역(FIR) 통과 국제항로개설을 위한 남북관제협정에 서명했는데, 서명당사자이자 우리나라 FIR을 관할하는 대구 항공교통관제소에서도 이날 영공통과를 주시하였다.

제28비행전대

별은 부여된 임무와 북극성, **박쥐**는 우수한 활동능력, **적색 활주로**는 활주로를 박차고 비상하는 기상, **번개**는 2와 신속정확한 임무수행, **연결고리**는 8과 전(全) 부대원의 일치단결을 의미한다.

역사

부대 역사 보안사항

- 보안이라 쓰고 실미도라 이해함.

제29전술개발훈련비행전대

횃불은 신(新) 전술전기 개발을 위한 선구적 역할, **조준기**는 승리와 일발필추의 의지, **청색**은 창공, **황색**은 실전적인 교육훈련으로 적과 싸워 승리함을 의미한다.

역사

1988년 창설되어 일정 비행자격과 시간을 보유한 전투조종사를 선발하여 교관으로 양성하고 있다.

- Aut Viam Inveniam Aut Morientur. 죽거나 혹은 방법을 찾거나.
- 굳이 비교하자면 공군의 KCTC라고나 할까.

제35비행전대

별은 임무의 중요성, **흑마**는 전천후 임무수행의 다크호스, **5개 날갯짓**은 예하부대, **적색 원**은 태양, **백색**은 구름, **녹색 원**은 무사고 안전비행, **청색**은 우주공간을 의미한다.

역사

부대 역사 보안사항

- 공군 1호기에 대통령 외의 인사가 사용하는 전례는 거의 없으며, 부득이하게 단독으로 탑승할 경우 대통령휘장은 가려야 한다.

제38전투비행전대

태극은 대한민국과 위국헌신의 애국심, **독수리**는 공군, **은색 테두리**는 전투기의 단단함과 견고함, **별**은 서쪽 하늘의 빛이 되고자 하는 부대원의 염원, **영문글자**는 38전투비행전대가 공군인 독수리를 떠받치고 있음을 의미한다.

역사

1965년 111전투비행대대로 창설되어 1987년 38전투비행전대로 증편되었다. 1969년 간첩선 나포 및 무장공비사살작전을 수행하였고, KF-16 최초로 2009년 맥스썬더와 2014년 알래스카 레드플래그 훈련에 참가하였다.

- 작전 및 지원시설을 함께 공유하는 한반도 유일의 한·미연합항공작전 수행기지이다.
- 1976년 미 공군 조종사들의 전투능력의 향상을 도모하고자, 필리핀 클라크 공군기지에서 시작된 코프썬더(Cope Thunder) 훈련은 1992년 알래스카 아일슨 공군기지로 장소를 옮겨 2006년 명칭을 현재의 레드플래그(-알래스카/넬리스)로 변경하였다. 아군인 청군과 적군(敵軍)인 적군(赤軍), 통제관인 백군으로 나뉘어 실시하는 다국적연합공중전투훈련으로, 우리 공군은 1979년 전폭기 F-4D를 시작으로 2001년 수송기, 2008년부터 전투기도 참여하고 있다. 한편 1990년 이후 33년만에 필리핀에서 실시된 코프썬더 훈련에서 필리핀 공군의 FA-50PH가 미 공군의 F-22랩터를 격추시켰다고 한다.

제51항공통제비행전대

방패는 철통 같은 영공방위태세, **독수리**는 완벽한 조기경보와 지휘통제로 조국영공 수호, **독수리의 눈**은 평화를 수호하는 피스아이의 날카로운 눈, **항공기**는 '하늘의 지휘소'의 통제대상이 되는 모든 항공전력, **감시망**은 최상의 공중감시 및 조기경보체계, **두 청색**은 24시간 수호하는 주·야간 조국영공을 의미한다.

역사 2010년 창설되었다.

- 대한민국 가장 높은 곳에서 임무를 수행하고 있다.

제53특수비행전대 블랙이글스

원은 단일의 정신과 단합, **태극**은 태극음양, **검독수리**는 블랙이글스, **독수리 얼굴**은 8기 편대가 스모크와 함께 상승하는 모습, **3색 테두리**는 T-50B도장색, **영문**은 53특수비행전대의 영문공식명칭을 의미한다.

역사

1953년 종전 기념 국군의 날 행사 당시 사천에서 F-51 편대 · 특수비행 및 대지공격비행을 시작하여 한강에서 1958년까지 지속하였다. 1956년 T-33A 쇼플라이트팀, 1962년 F-86 블루세이버팀을 거쳐 1966년 F-5A 프리덤 파이터로 임시곡예팀 블랙이글스가 창설되었다. 1978-93년간 중단기를 거쳐 1994년 A-37B 드래곤 플라이로 재창설되어 1999년 239특수비행대로 독립하였고, 2013년 53특수비행전대로 개편되었다. 2009년 T-50 골든이글로 변경하여 2012년 영국에서 2차례 대상을 차지하였다.

- 애칭은 공군을 상징하는 조류의 왕 독수리에 권위와 관록, 강인한 위엄의 상징인 검정색을 입힌 것으로 1966년 편대장 한영규 중령과 강민수 대위가 토론 끝에 정하였다.

제55교육비행전대

백·적·청·흑색의 프로펠러는 태극기 색상으로 대한민국, **독수리**는 공군사관학교와 정예전투조종사, **활주로**는 전대의 중심인 예하부대, **흑색과 회색선**은 자세계(姿勢計)와 독수리날개, **청색과 고동색 바탕**은 자세계 내의 땅과 하늘을 의미한다.

역사

2014년 55훈련비행전대로 창설되어 2014년 55교육비행전대로 개칭되었다.

- 입문교육용 항공기 KT-100은 국내 최초의 민간항공기 KC-100(4인승) 나라온을 개량한 기체이다. 나라온은 '날아'와 수리온의 '온'처럼 100(% 완벽한), KC는 Korean Civil-aircraft, T는 Training을 의미한다.
- 공군 최초의 훈련기는 1949년 구입한 10대의 캐나다의 하버드 Mk2로, 시민과 학생의 성금으로 구입하여 '건국기'로도 불린다. 애국기 헌납운동을 통해 구입하여 1~10호까지 지역과 기관, 직업과 관련된 이름이 부여되었으며, 6·25전쟁 초기 폭격작전을 시작으로 정찰 및 공격임무를 수행하였고, 1962년 퇴역할 때까지 총 588명의 조종사를 훈련시켰다.

제60수송전대

독수리는 공군과 항공수송, **바탕 수송마크**는 안전수송과 육로수송, **철도**는 철도수송, **청색**은 평화를 의미한다.

역사

1989년 40보급창 수송관리실로 창설된 전군 유일의 항공수송지원부대이다.

제91항공공병전대

91은 91항공공병전대, **독수리**는 활주로 위에서 높이 나는 공군, **활주로**는 완벽한 항공작전을 위한 활주로 유지관리 및 피해복구를 통해 어디에서든 하늘로 뻗어 나감, **톱니바퀴**는 발전동력인 기술력과 교육, **우측 각종 장비(ATSP)**는 최상의 전투지원 의지, **AM2매트원형**은 최우선 임무인 활주로 피해복구작업의 완벽수행을 의미한다.

역사 1969년 91기지건설전대로 창설되어 2005년 91항공시설전대를 거쳐 2019년 91항공공병전대로 개칭되었다. 공군 피해복구전술평가대회를 담당하고 있다.

• "로마군은 곡괭이로 싸운다." — 그나에우스 도미티우스 코르불로. 공군이 비행단만 있는 것은 아니고 로마군만 곡괭이가 있는 것도 아니다.

항공우주전투발전단

황색 독수리는 밝게 빛나는 예지의 공군, **책**은 공군의 싱크탱크로 전문연구기관, **별과 적색 비행기**는 하늘과 우주를 아우르는 항공우주군, **펜과 미사일**은 항공우주 전투발전분야 연구주도와 소요기능, **청색 펜촉**은 전문성, **황색 펜끝**은 결속력, **적색 미사일탄두**는 도전, **주황색 미사일추진체**는 헌신, **월계수**는 공군의 전투발전을 통한 영구적 평화건설을 의미한다.

역사 1978년 필승태세 연구분석부로 창설되어 1990년 전투발전단, 2010년 연구분석평가단을 거쳐 2019년 항공우주전투발전단으로 개편되었다.

- 공군에어쇼(Aerospace & Defence Exihibition, ADEX) 기획을 전담하고 있다.

항공지원작전단

원은 하나된 마음, **날개**는 태극(조국)을 감싸며 영공방위와 국토수호에 대한 강력한 의지, **태극**은 대한민국과 충성심, **삼각형**은 공군(하늘색)·육군(황색)·해군(흑색)으로 3군합동작전, **번개**는 3군의 유기적인 공지(空地)통신협조체계, **청색 바탕**은 하늘과 공군을 의미한다.

역사 1958년 31전술통제비행전대로 창설되어 1971년 36전술항공통제전대, 2015년 전술항공통제단을 거쳐 2019년 항공지원작전단으로 개편되었다. 1973년 36직접항공지원본부를 창설하였다.

- 타군, 특히 육군·해병대 등 지상군과의 연합·합동전문부대이다.
- 합동최종공격통제관(JTAC, Joint Terminal Attack Controller). 전방 전투지역에서 표적에 대한 아군 전투기의 무장투하를 직접 통제하거나, 전방 관측자 혹은 무인기로부터 획득한 정보를 조종사에게 제공한다. 2016년 공지합동작전학교가 동아시아 최초이자 아시아 두 번째로 국제공인을 받았다.

공군시험평가단

적색 테두리는 시험평가에 대한 열정, **백색 날개**는 하늘과 우주로 비상하는 보라매의 날개, **감색 바탕**은 항공우주군의 미래가치, **중앙삼각형 모양**은 활주로를 형상화한 것으로 가능성과 희망으로 가는 교두보를 의미한다.

역사

1999년 창설된 52시험평가전대를 모체로 2023년 항공우주전투발전단 시험인증처와 통합하여 창설되었다.

- 시험비행조종사는 1차 대전 당시 영국왕립비행연구소에서 체계적으로 자리잡기 시작하였다. 대한민국 공군 시험비행조종사는 국내에서 항공기 개발을 시작한 1989년 해외시험비행학교에 위탁교육을 보내며 처음 탄생하였는데, 아직 국내에는 시험비행학교가 (필요) 없다.
- 감항인증(Airworthiness Certification, 堪航認證)이란 항공기가 안전성과 신뢰 면에서 비행에 적합한지 검증하는 것으로, 비행을 감당할 수 있는지 여부를 판단하는 과정이다. 특히 외국과의 감항인증 상호인증이 체결되면 항공기 수출·(입) 과정에 있어 전력화 시간과 비용에 크게 도움이 된다.

공군작전정보통신단

3**대 항공기**는 공군의 사명완수를 위한 임무수행, **백색 활주로**는 비행운으로 항공력 운용의 근간인 활주로와 임무수행을 뒷받침하는 부대의 의지와 노력의 결집, **번개**는 전술데이터링크 연동통제, **청록색 금속꺽쇠**는 첨단과 완벽, **중앙 회색 보석**은 금강석으로 작전지원임무의 완벽함, **중앙 육각별 궤도**는 사명완수에 필요한 공군의 핵심가치와 비전실현의지를 의미한다.

역사

1985년 작전사령부 계획부 체계관리처로 신설되어 1992년 체계전산실, 2000년 체계전산처 등을 거쳐 2010년 작전정보통신단으로 변경되었다.

- 네트워크중심전(NCW, Network Centric Warfare). 탐지센서에서 타격수단까지 네트워크로 연결하여 합동·연합작전시 효율성을 높이는 것으로, 상호호환와 운용성을 기반으로 한다. 1991년 걸프전 당시 상이한 통신체계로 작전에 차질을 빚자 이 개념을 발전시켰다.

항공우주의료원

보라매는 공군, **방패**는 질병과 사고방지, **항공기**는 비행환경 적응훈련, **뱀**은 의무(醫務), **주사기**는 진료, **월계수**는 승리, **4개 별**은 공군본부 직할부대와 참모총장을 의미한다.

역사 1949년 공군 창설과 동시에 공군병원으로 창설되어 1962년 항공의료원, 1971년 공군항공의학연구원, 1984년 국군항공의학연구원, 1988년 항공의학적성훈련원, 1999년 공군항공의료원을 거쳐 2006년 항공우주의료원으로 개편되었다. 2011년 항공우주의학연구센터를 개관하였다.

- 가속도내성강화훈련(G-Test)은 360도 회전하며 원심가속도에 의해 중력(G)을 조절하는 장비로 실시한다. 전투조종사들은 본인 체중의 9배인 최대 9G의 하중을 견뎌야 하는데, 일반인들의 경우 보통 7G 이내에 시야가 흐려지면서(Gray-Out) 혼절(Black-Out)한다고 한다. 정말 사람 돌아버리게 만든다.

공군기상단

황색 별은 우주진출 및 항공작전의 길라잡이, **독수리**는 공군, **원형 테두리**는 인화단결, **기상특기마크**는 완벽한 기상업무 수행 의지, **지구본**은 지구전역에 대한 기상지원을 의미한다.

역사

1949년 김포비행장에서 항공기지사령부 기상반으로 창설되어 1950년 공군본부 기상대, 1951년 50기상대, 1961년 73기상전대를 거쳐 2012년 공군기상단으로 승격되었다. 1969년 한국군 독자기상 통신망 운영체계와 인공위성수신소를 구축·설치하였고, 2007년 미군으로부터 한반도 전구 기상예보권을 확보하였으며, 2018년 우주기상팀을 신설하였다. 6·25전쟁과 베트남전쟁 등에서 한·미 항공작전을 비롯하여 걸프전, 아프가니스탄과 이라크전에 파병되었다. 2024년 우주기상대를 창설하였다.

- "훌륭한 장군은 전략을 배우고, 유능한 장군은 병참학을 공부한다. 하지만 전쟁에서 승리하는 장군은 날씨를 아는 장군이다." — 드와이트 D. 아이젠하워. 2차대전 노르망디상륙작전의 성공원인 중 단 하나를 꼽으라면 독일군에 앞선 연합군 기상장교의 판단력이었다.

공군대학 자운대

횃불은 영구불멸의 진리, **독수리날개**는 공군, **월계수**는 명예·영광·최후의 승리, **줄**은 굳은 단결, **지휘봉**은 간부교육기관, **별**은 국군, **방패**는 조국방위를 의미한다.

역사

1956년 여의도기지에서 창설되어 1970년 신설 공군사관학교 자리로 이전하였다. 2011년 합동군사대학으로 해편된 후 2020년 재창설되었다. 1956년 초급참모대, 1971년 고급지휘관과 참모특별과정을 설치하였고, 1982년 최초로 외국군장교가 입학하였다.

- 과거 대방동 시절에는 태성대라 불렸고, 현재 태성대아파트가 그 이름을 잇고 있다.

공군기본군사훈련단

횃불은 젊은 투혼과 정열로 조국에 대한 위국헌신, **독수리**는 국가안보의 핵심전력으로서 대한민국 공군의 용맹과 진취성, **총과 칼**은 전기기술 연마와 체력단련을 통해 일당백의 기상으로 조국수호, **책**은 학문에 정진하는 탐구의욕의 교육기관을 의미한다.

역사

1948년 조선경비대 1여단 항공부대에서 항공병 1기생 교육을 시작으로 1949년 공군 독립 이후 1951년 경북 경산 자인에서 항공기지사령부 1항공교육대로 창설되었다. 1952년 항공병학교를 거쳐 1995년 기본군사훈련단으로 승격되었다. 2001년 여군사관후보생 교육이 시작되었고 2003년 2만여 평 규모의 종합훈련장을 준공하였다. 2014년 학군단이 예속되어 2024년 현재 총 11개 대학이 운영(및 예정) 중이다.

7인 7색 공군 상식

창공의 7인 : 공군창설 7인의 주역

최용덕 장군을 따라 백의종군하여 조선경비사관학교를 거쳐 재임관한 대한민국 공군창설의 주역 김정렬, 장덕창, 박범집, 이근석, 이영무, 김영환 7인을 말한다. 6·25전쟁 중 박범집, 이근석, 김영환 장군과 이영무 대령 등 4명이 전사·실종되었다. 최용덕 장군은 중국에서 항일독립운동에 투신하였고, 광복 후 한국항공건설협회를 창립하여 국방부와 미 군정청을 지속적으로 설득하였다. 1948년 초대 국방부차관 재직 중 공군독립에 기여하고, 전쟁 중에는 참모부장과 2대 공군참모총장을 역임하였다. 공군의 정신적 토대인 '공군가'와 '공군의 결의', '공사십훈' 등을 만들었으며 전역 후 대만 대사를 역임하였다.

"내 나라 강토 안에서 태극기를 그린 비행기로…" : 대한민국 공군 라운델(Roundel)

대한민국 최초의 군용기는 육군항공대 시절인 1948년 9월 8일 미 7사단 항공대로부터 분해되어 인수된 10대의 L-4 연락기이다. 여의도비행장에서 조립·완성한 뒤 김구 선생의 아들 김신(6대 공군참모총장) 소위가 흰 별의 미군 라운델에 태극마크를 덧그렸는데, 공군 최초의 라운델이었다.

9월 15일 연락기들이 서울 상공에서 시위비행을 하자 최용덕 장군이 감격에 겨워 말했다. "내가 어려서 망명하여, 남의 나라 군문에서 몽매에도 잊지 못한 소원이 있었다. 그것은 내 나라의 군복을 입고, 내 나라의 상관에게 경례를 하며, 내 나라 부하에게 경례를 받아 보는 것이고, 내 나라 강토 안에서 태극기를 그린 비행기로 조국의 하늘을 마음껏 날았으면 하는 것이었다. 그 염원을 오늘 성취하고 보니 이제 죽어도 한이 없다."

• 라운델(Roundel). 유럽 제국에서 모자에 부착한 모표 코케이드(Cockade)에서 유래한 군용기의 피아식별용 표식을 말한다. 대한민국 공군의 원형 태극마크 라운델은 1950년 F-51D 무스탕의 도입 이후 미군처럼 양쪽에 날개를 붙인 형태를 띠게 되었다.

천년을 이어온 호국정신 : 해인사 8만대장경과 김영환 장군

1951년 8월 북한군 1개 대대가 해인사를 점령하여 지원명령을 받은 10전투비행전대장 김영환 대령의 편대가 출격하자 정찰기가 연막탄으로 목표지점을 알려주며 네이팜탄을 사용할 것을 독촉하였는데, 김 대령은 기관총만으로 사찰 주변을 공격하도록 지시하였다. 그는 출격 전 미군 담당자에게 2차 대전 당시 파리와 도쿄 등을 예로 들며 폭격의 부당함을 강조하였고, 출격 이후에도 수차례 공격명령을 거부하며 팔만대장경을 지켜냈다.

김영환 장군은 6·25전쟁 발발 후 T-6 훈련기를 거쳐 F-51D 무스탕 전투기를 인수하여 작전에 참가하였고, 1951년 9월 한국공군 최초 독립편대로 단독출격하였다. 초대 단장이었던 10전투비행단 창설기념일을 맞아 1954년 3월 5일 F-51을 몰고 강릉으로 향하던 중 악천후로 묵호상공에서 실종되었다. 향년 34세였다.

• 6·25전쟁 중인 1950년 11월 제트전투기 미그15기가 출현하자 12월 F-86세이버가 긴급공수되어 이후 무스탕은 공중전보다 지상작전 및 근접전투지원에 집중하였다.
• 육군에도 비슷한 사례가 있는데, 1950년 7월 수도사단장 이종찬 장군은 공병감의 수원성 폭파명령을 거부하며 대전차지뢰와 대전차포로 북한군 105전차여단의 T-34/85에 맞서 지연전을 펼쳤다.

낮은 데로 임하소서! : 대한민국 공군의 쾌거 승호리철교 폭파

1951년 12월 전선이 고착되어 소강상태에 접어들자 유엔군은 협상에 주력한 반면 북한와 중공은 증원을 통해 전력을 증강시켰고, 이에 휴전회담에 압박을 가하고자 공군이 적의 병참선차단에 나섰다. 당시 중공으로부터 유입되는 군 물자는 평양을 경유하여 전선으로 향했는데, 승호리철교는 보급로상인 대동강 지류에 위치해 있었다. 미 5공군이 기존 철교를 폭파했으나 이내 모래주머니로 보강하여 밀집대공 방어망까지 갖춘 새로운 철교가 가설되었다.

미 공군이 전폭기로 500소티 이상 출격하고도 실패하자 임무를 이양받은 10전투비행전대는 1952년 1월 12일 김두만 소령이 총 8기의 F-51 전투기로 2차례에 걸쳐 폭격에 나섰으나 실패하였다. 이에 전대장 김신 대령은 미군의 절반인 4천 피트에서 강하하여 1,500피트(롯데월드타워 높이)에서 투하하는 저고도폭격을 결정하였다.

1월 15일 2개의 F-51 3기편대가 출격하여 1편대가 경간 2개에 피해를 입히고 1편대의 엄호 하에 2편대가 폭격에 성공하였다. 출격 14소티만에 철교는 물론 포진지 6개소, 보급품 집적소 1개소, 벙커 3개소, 건물 1개동도 파괴하였다. 2월 21일 미 5공군 지휘관회의에서 김신 대령은 박수세례를 받았는데, 작전성공 여부에 내기를 걸어 이긴 미 해병장교가 회의 후 인사를 건넸다고 한다.

하늘의 사나이는… : 빨간 마후라

1951년 김영환 장군이 그의 형이자 당시 공군참모총장이던 김정렬 장군 집을 방문하여 형수 이희재 여사가 입은 붉은 치마를 보고 1차 대전 당시 '붉은 남작'이라 불린 독일 공군 독일군 에이스 만프레드 폰 리히트호펜을 떠올렸다. 그를 흠모하였던 김 장군이 형수에게 치마를 짓고 남은 자투리로 마후라를 부탁하여 만들어졌다. 이후 마후라를 흔들어 구출되는 조종사가 늘어나자 전투조종사의 빨간마후라는 효용성은 물론 자긍심과 권위를 나타내었고, 멋과 낭만의 상징이자 선망의 대상이 되었다.

1964년 제작된 6·25전쟁 당시 강릉기지 조종사들의 활약상을 그린 영화 〈빨간 마후라〉의 삽입곡 〈빨간 마후라〉는 1959년 MBC 라디오 연속극 주제가 〈강릉아가씨〉를 토대로 만들어졌다. 가곡풍의 원곡을 군가 〈검은 베레모〉 작곡가 황문평이 편곡하였다. 영화의 실제 모델은 승호리철교 폭파작전의 영웅 유치곤 장군이다.

· '붉은 두건', '붉은 전투조종사' 등으로도 불린 리히트호펜은 붉은색 포커 삼엽기로 적기 80기를 격추시켰으나 1918년 4월 전사하였고, 후임으로 헤르만 괴링이 부임하였다. 형형색색으로 도색한 그의 편대가 무리지어 다니자 마치 서커스단 열차와 같다고 하여 '리히트호펜의 날으는 서커스단'이라 불렸다. 참고로 2차 대전 당시 갖가지 차량을 징발하여 독일로

진군하던 미 육군 제83보병사단에게 '오합지졸 서커스단'이라는 별명이 붙은 적이 있다.

태극 마후라 : 공군조종사 탄생과정

공군의 조종사교육은 3단계 과정을 거친다. 입문과정에서 공군사관학교 생도들은 KT-100으로 항공기계통과 비행지침 등을 교육받고 파란 마후라를 수여받는다. ROTC나 민간대학 출신자들은 별도의 비행교육과정을 거쳐 임관한다. 기본과정은 KT-1으로 공중조작과 국지절차 등의 비행전(前) 교육과 비행계획, 항공법, 비행이론, 통신술 보안 등을 교육받는다. 이후 기종이 나뉘어 고등과정에 들어가는데, 공중기동기고등과정은 KT-1으로, 전투임무기고등과정은 T-50으로 교육 후 빨간 마후라를 수여받는다.

공중기동기과정은 고등과정에서 고정익과 회전익기종을 부여받아 대대에 배치되어 기종전환을 수행하며, 전투임무기과정 역시 기종에 따라 별도 전술 및 입문과정을 거쳐 배치받는다. 전투임무의 경우 입문부터 고등과정 이후까지 전 과정에 국산기종이 포함되어 있다.

· 기본과정 중 첫 단독비행을 마친 학생조종사들은 보통 자신들의 장단점을 파악한 교관으로부터 고유 애칭인 콜사인(Call Sign)을 부여 받는데, 미군과 달리 공군은 통상적으로 작전 중 부대별 콜사인을 사용한다. 1964년 제작된 영화 <빨간마후라>에서 나관중 소령(신영균 분)이 자대에 배치받은 배대봉 중위(최무룡 분) 등 신입조종사들을 방문하여 별명을 물어보는 장면이 있는데 이때의 얌전이·차돌이·샌님·노가다 등이 바로 개인별 콜사인이다.

Mission Impossible : 탑건(Top Gun)과 최우수조종사

해군항공대의 근접전기술을 중심으로 선정하는 미국과 달리 대한민국의 탑건(Top Gun)은 1960년 실시된 공군사격대회가 그 기원으로, 연 1회 실시되는 '작전사(보라매)공중사격대회'에서 선발된 최고의 전투·공중기동기 조종사를 지칭한다. 한편 1979년부터 시작된 최우수조종사 선정은 전체 비행단 조종사들을 대상으로 1년 동안의 비행경력과 작전참가횟수, 비행안전기여도, 체력 등 20여 개 항목을 평가하는데, 최우수조종사 외에도 3개 분야별 최우수조종사와 기종별 우수조종사도 함께 선정한다. 이 둘을 합쳐 2009년부터 최우수조종사로 통합선정하였으나 2013년 다시 분리선정하고 있다.

대한민국 국방부 직할

국방부

별은 육군, **닻**은 해군, **날개**는 공군을 의미한다.

역사 1948년 서울 명동에서 국군을 창설하여 육 · 해군본부를 조직하고 연합참모회의를 설치하였다. 1949년 해병대와 공군을 창설하였고 1963년 합동참모본부를 상설기구로 설치하였다. 1970년 병무청을 개청하였으며, 1990년 합동참모본부를 국군조직으로 편성하였다.

- 행사시 각 군기(軍旗)의 위치는 깃발을 바라보는 쪽에서 볼 때, 중앙의 태극기를 중심으로 하여 좌·우 각각 국방부·합참본부, 육군·해군, 공군·해병대 순으로 놓인다.

합동참모본부

방패는 국가안전 보장, **국방부 마크**는 각 군의 협동단결, **4개 별**은 각 군 참모편성, **4개 검**은 각 군의 확립된 통수권 및 정도(正道), **월계수**는 승리를 의미한다.

역사 1948년 국방부 내에 설치되어 1949년 폐지된 연합참모회의를 모체로, 1954년 대통령 직속 합동참모회의와 연합참모본부, 1961년 연합참모국, 1963년 합동참모본부를 거쳐 1990년 국군 최고 지휘기구인 국군합동참모본부로 개편되었다. 1968년 대간첩대책본부를 설치하여 1995년 통합방위본부로 개칭하였다.

- 합참의장과 참모총장의 역할은 군 작전을 지휘통솔하는 군령권(軍令權)과 인사·군수·교육·관리기능의 군정권(軍政權)으로 나뉘며, 합참의장의 서열은 각 군 참모총장에 앞선다. 한편 국방부 장관과 대통령은 군령·군정권을 모두 행사할 수 있다.
- 파병부대의 지휘권은 교육기간 동안 육군을 거쳐 비행기가 이륙하거나 배가 출항하는 순간 합참으로 이양되며, 귀국시에는 비행기와 배에서 내리는 순간 역으로 이양된다.

국군방첩사령부

태극은 국가와 군을 위한 충성과 헌신, **국방부 마크**는 국방부 직할부대, **호랑이**는 정예 군 보안·방첩 전문기관의 기벽과 용맹, **적색**은 힘과 열정의 최정예 군 보안·방첩부대로의 도약, **청색**은 미래지향적 강군의 청사진을 의미한다.

애칭

1948년 조선경비대 정보처 특별조사과로 출발하여 특별조사대를 거쳐 1949년 육본 정보국 방첩대로 개편되었다. 1950년 6·25전쟁 발발 후 육본 직할 특무부대가 창설되었고, 1953년 해군 방첩대, 1954년 공군 특별수사대가 창설되었다. 1960년 방첩부대로 부대명이 변경되었고, 1969년 1·21사태 당시 공비소탕작전에 참가한 이후 육군보안사령부와 해·공군보안부대로 개칭되었으며, 울진·삼척 대간첩작전에 참가하였다. 1977년 3군 보안부대를 통합하여 국군보안사령부로 출범하여 '86 아시안게임 및 '88 서울올림픽을 지원하였고, 1991년 국군기무사령부, 2018년 국군안보지원사령부를 거쳐 2022년 국군방첩사령부로 개편되었다.

- 예전 기무사령부의 기무(機務)란 근본이 되는 일, 주요하고 기밀한 정무(政務)라는 의미로, 구한말 고종의 통리기무아문(統理機務衙門)과 갑오경장 주체세력이 설치한 군국기무처(軍國機務處)에 사용된 바 있다.

국방정보본부

원은 3군 정보통합과 안정성, **8개 별**은 대한민국 8도, **횃불**은 군사정보업무의 선도역할 수행, **번개**는 신속한 정보수집·전파, **월계수**는 정보태세 완비를 의미한다.

애칭 1953년 합동참모본부 제2부로 편성되어 1981년 국방정보본부로 창설되었다.

• 미군에는 국방정보국 DIA(Defence Intelligence Agency)가 있다.

국방대학교

국방부 마크는 국방부 직할부대, **월계관**은 명예와 승리와 영광, **펜촉**은 국가안보의 주역을 양성하는 안보교육연구기관, **무궁화**는 우리 민족의 유구한 역사와 발전, 자색은 화합을 의미한다.

애칭

1955년 서울 종로 관훈동에서 국방대학으로 창설되었다. 1957년 국방연구원을 거쳐 1961년 국방대학원으로 개칭되었다. 1963년 합동참모대학을 창설하였고 1972년 안보문제연구소를 부설하였으며, 1975년 합동참모대학을 폐지하고 1977년 국방정신교육원, 1990년 국방참모대학을 창설하였다. 1998년 국방정신교육원에 이어 1999년 국방대학원이 해체되면서 2000년 국방대학교로 재창설되었다.

- 육·해·공군대학과 합동군사대학교, 그리고 국방대학교는 수험생들이 지원할 수 있는 대학이 아니다. 가능한 곳은 3군사관학교와 (육군3사관학교), 국군간호사관학교 등이며, 이도저도 싫으면 연무대에 도전하자.

국군정보사령부

횃불은 꺼지지 않는 대한민국 수호의지와 미래의 승리이자 육·해·공 3군 통합정보의 조기경보체계, **반석**은 국가안보와 평화통일의 굳건한 기반, **5각형**은 국가안보를 수호하는 방패, **5각형망**은 최고수준의 임무완수를 보장하는 치밀한 정보조직망, **청색 테두리**는 자유·평화·희망을 의미하며, **각 3개의 불꽃과 5각형 내 망**은 육·해·공 3군을 의미하는 것으로 추정된다.

애칭

1946년 정보과로 창설되어 1990년 3군 정보부대를 통합한 국군정보사령부로 개편되었다.

- HID(Headquarters of Intelligence Detachment), UDU(Underwater Demolition Unit), AISU(Airforce Intelligence Service Unit)
- 정보수집방법인 중 하나인 휴민트(HUMINT, HUMan INTelligence)는 사람을 직접 파견하여 정보를 획득하는 방법이다.
- 특전사 내에서 훈련 중 밀짚모자와 고무신 차림에 AK소총을 소지한 이들과 마주친 전설 같은 경험담이 전해내려온다. 믿거나 말거나.

777사령부

지구본은 임무수행영역, **국방부 마크**는 국방부 직할부대, **적색 777**은 777사령부를 의미하는 것으로 추정된다.

애칭 1956년 서울 종로 삼청동에서 창설되었다.

- 6·25전쟁 중 첩보· 유격전을 펼친 켈로(KLO, Korea Liaison Office)부대와 구월산유격대가 모체에 가깝다.
- 쓰리세븐부대라 불리는데, 쓰리세븐은 가방으로만 유명한 것이 아니다. 화려한 이력을 지닌 동명(同名)의 이집트 대테러부대가 있다.

국군화생방방호사령부

방패는 국가방위, **삼족오의 삼**은 육·해·공군 합동부대와 화·생·방 전문부대, **삼족오**는 고구려의 진취적 기상을 이어받아 세계 최고 수준의 화생방사령부로 도약하겠다는 의지, **화생방 기호**는 화생방특수임무부대를 의미한다.
(부대창설 18주년을 맞아 공모를 통해 2020년 2월 3일 제정하였다.)

애칭

1988년 수방사 화학대대를 모체로 수방사 1화학단. 1999년 육군화생방방호사령부를 거쳐, 9·11테러 이후 2002년 3군 화생방부대를 통합하여 국군화생방방호사령부로 창설되었다. 2002 한·일월드컵, 부산아시안게임, 2003 대구하계유니버시아드대회 등에서 지원작전을 수행하였으며, 2022년 기존 24화생방특수임무대대를 화생방특수임무단으로 승격시켰고, 전군 유일의 화생방 전문연구기관 화학방어연구소를 보유하고 있다.

- 화학·생물학·방사선(핵)을 의미하는 화·생·방(化·生·放)은 WMD(Weapons of Mass Destruction), 즉 대량살상무기를 지칭하는데 초기에는 ABC(Atomic, Biological and Chemical weapon)로 불렸다.

국군드론작전사령부

방패는 방어와 신뢰, **태극**은 대한민국 핵심부대, **국방부 마크**는 국방부 직할부대, **4개 검**은 합동전투·공격·강함·정의, **월계관**은 승리·명예·평화, **은색 드론형상**은 드론전력을 의미한다.

애칭 국군 최초의 육·해·공·해병 합동전투부대로, 2023년 경기 포천에서 창설되었다.

- 1932년 영국은 해군 방공훈련 표적기용으로 복엽기를 무인기(Fairy Queen)로 개조하였으나 실패하고, 1935년 DH-82B(Queen Bee) 제작에 성공하여 훈련을 실시하였다. 이를 참관한 미 해군 윌리엄 H. 스탠들리 제독이 1936년 무인기 개발을 지시하였고, 실무자 델마 파니 소령이 드론(Drone, 수벌, 웅웅거리는 소리)이라는 용어를 처음 사용하였다. 영국여왕에 대한 경의 혹은 경쟁의 의미로 성별을 바꾼 것인지 아니면 비행기의 웅웅거리는 소리에서 따온 것인지는 분명치 않다. 초기에는 무인기(UAV·Unmanned Aerial Vehicle)를 의미했으나 지금은 차량과 함정까지 모든 무인장비를 총칭한다.

국군수송사령부

국방부 마크는 국방부 직속부대, **원**은 수송수단을 대표하는 바퀴와 핸들, **지구**는 수송지원작전의 영역, **녹색과 청색 바탕**은 안전하고 성공적인 임무완수, **3개 화살표**는 수송수단과 기동성·통합성·합동성 및 3군 합동부대, **적색**은 육군, **청색**은 해군, **하늘색**은 공군을 의미한다.

애칭

1951년 303수송이동관리단을 모체로 하여 1954년 3항만사령부가 창설되어 1975년 수송사령부로 개편되었고, 1985년 수송지원사령부를 거쳐 1999년 국군수송사령부로 개편되었다.

- 한 번쯤 들어봄 직한 TMO(Transportation Movement Office)라 불리는 국군철도수송지원단을 예하에 두고 있는데, 전시에는 동원병력 수송, 평시에는 출장·휴가 등 이동장병 안내를 주임무로 하고 있다.

국군지휘통신사령부 빛가온부대

방패는 국가 및 자유민주주의 수호, **적색**은 열정과 용기, **청색**은 신뢰할 수 있는 부대, **황색 테두리**는 조화와 단결, 포용, **2개의 별**은 국군의 최상위 통신부대, **광채**는 중앙에서 빛으로 전군의 통신을 하나로 연결, **양쪽 번개**는 속도와 일사불란한 통신지원, **국방부 마크**는 국방부 직할로 전군의 통신지원을 의미한다.

애칭 2011년 제정한 명칭은 한빛부대였으나 남수단재건지원단과 이름이 같아 2015년 7월 10일 부대창설기념일을 맞이하여 자체 공모를 통해 빛과 가운데의 뜻을 지닌 가온을 합쳐 지휘통신의 빛살을 뻗쳐 전군을 하나로 연결하는 통신의 중심부대라는 의미로 명명하였다.

역사 1968년 서울 구로동에서 육군전략통신사령부로 창설되어 1977년 육군통신사령부로 개편되었다. 1982년 육군1통신여단으로 개편되었고, 1990년 국군통신사령부로 창설되었다. 1998년 전산기능을 일부 통합하여 1999년 국군지휘통신사령부로 개편되었다.

- 부대 특성상 간부비율이 높아 병들의 업무가 고될 것 같지만… 비공식 애칭이 국통사가 아닌 무려 꿀통사.

국군의무사령부

방패는 진정한 자유와 평화수호를 위한 질병예방의지, **십자가**는 헌신과 사랑, **횃불**은 봉사와 의료, **뱀**은 지혜, **비둘기 날개**는 평화와 사랑의 기원, **태극 문양**은 부대원들의 상호조화로 부대발전, **황색**은 생명과 회복, **자주색**은 혈액으로 의무병과 고유의 색, **백색**은 희생과 봉사의 정신을 의미한다.

역사 1954년 마산에서 사령부 모체인 육군의무기지사령부로 창설되어 1963년 1육군병원 · 국군의학연구소 · 중앙치과기공소를 예속하였다. 1971년 국군의무사령부로 개칭되었고, 1984년 국군의무지원체계를 통합하였다. 베트남전쟁 당시 각 2개의 이동외과 및 후송병원을 시작으로 1990년 걸프전과 1994년 사하라 의료지원단, 2001년 아프가니스탄 동의부대, 2003년 이라크 제마부대 등에 파병하였다. 2022년 국군수도병원에 3,300여 평 규모의 국군외상센터를 개원하였다.

- 1948-49년 간 영등포(서울) · 대전 · 광주 · 부산에 각 1·2·3·5·수도육군병원에 이어, 6·25전쟁 중 11개 병원이 추가로 개원하였다. 1971년 3군 병원들을 해체하여 통합병원을 창설하였고, 1984년 국군병원으로 개칭하였는데, 어르신들 사이에서는 아직도 통합병원으로 기억된다.
- 열차후송대 국군병원열차는 1950년 제1철도후송대로 창설되어 1969년 통일호, 1998년 무궁화호를 개조하여 1980년대부터 월 2회, 2015년부터 1회씩 운용하였다. 지휘차량과 중환자병실차, 일반병실차 등으로 구성되었고, 환자초과

시 철도공사로부터 수가로 임대하였는데 응급처치를 비롯하여 간단한 봉합수술도 가능하였다. 2023년 6월 28일 평시임무를 종료하였다.

- 군 병원에는 여군비율이 증가하면서 산부인과가 일부 신설된 반면, 소아과가 없다.
- 제네바협약에 의해 군에 배속된 의무요원(수의사 제외)은 좌측 팔에 완장을 두르고 신분증을 휴대하여야 하며 공격대상에서 제외된다. 참고로 피격된 항공기에서 낙하산으로 탈출하는 이들 역시 전투력 상실로 간주하여 공격을 금지시키고 있다. 물론 공수부대는 예외이다.
- 6·25전쟁 발발 3일 후인 1950년 6월 28일, 소대 규모의 국군병력을 전멸시킨 북한군 제105땅크여단이 서울대병원에 진입하여 미 제국주의의 앞잡이들을 죽이라는 선동질을 시작으로 1,000여 명에 이르는 국군 부상병과 민간인 환자 및 그 가족들과 의료진들을 확인사살까지 감행하며 학살하였다. 서울대병원 출신 월북의사의 지휘로 정신 및 소아병동환자들도 가리지 않고 살해하였고, 총알을 아끼려 총검을 사용하고 일부는 생매장하였다. 시체는 20여 일간 방치 후 창경궁에서 소각하였는데, 이는 군인과 민간인 가리지 않고 '철사줄로 두 손 꽁꽁 묶인 채로' 끌고 가는 납치(납북)와 고문, 학살의 시작일 뿐이었다. 이후 여단은 서울 최초 입성의 공로를 인정받아 근위서울제105땅크사단을 거쳐 당시 지휘관 이름을 따온 근위서울제105류경수땅크사단으로 명명하였다. 2024년 3월 24일 김정은이 방문하여 쌀밥에 고깃국을 하사한 바로 그 부대이다.

국군사이버작전사령부

국방부 마크는 국방부 합동부대, **태극**은 대한민국 국군 유일의 사이버 작전부대, **방패**는 사이버 위협으로부터 조국을 철통같이 수호하겠다는 의지, **지구와 네트워크**는 네트워크망을 통해 전 지구적으로 연결된 사이버 전장환경, **위성**은 사이버 공간에 대한 실시간 감시 및 탐지, **번개**는 사이버 전장에서의 신속한 대응, **붓**은 사이버전에 대한 풍부한 전문지식과 현명한 판단, **칼**은 적의 사이버 도발을 강력하게 응징하겠다는 의지를 의미한다.

역사 2010년 국군사이버사령부로 창설되어 2019년 사이버작전사령부로 변경되었다. 2013년 해킹방어대회인 화이트햇 콘테스트를 시작하였고, 2022년 첫 출전한 미 사이버사령부 주관 사이버플래그에서 우승을 차지하였다.

- 사이버 안보의 중요성과 우수인력 발굴을 위한 화이트햇 콘테스트는 청소년·일반·국방 분야로 나눠 진행된다. 화이트해커라 불리기도 하는 화이트햇(White Hat)은 보안전문가를 의미하여 블랙햇에 대비되는 개념으로, 서부영화에서 악당은 검은 모자, 주인공은 흰 모자를 주로 쓰고 나온 것에서 유래되었다.
- 부대 상징물이 KCTC 전문대항군연대와 같은 전갈이다.
- 스팸메일의 어원은 우리가 아는 바로 그 (명절선물용) 스팸(SPAM)이다. 본래 SPiced hAM 혹은 Shoulder of Pork and Ham이 어원으로 알려졌지만 2차대전 당시 미국에서 연합군 및 민간인의 비상식량용으로 1억 캔 이상 공급하여 Specially Produced American Meat로 불리기도 했다. 하지만 전후에도 많은

양이 남아돌자 Spam은 곧 '쓸모 없는 것'의 대명사로 자리잡았다. 현재는 명사뿐 아니라 동사로도 사용되며 끝에 er을 붙여 인물을 지칭하기도 한다.

국방부조사본부

독수리 눈빛은 실제적 진실 추구, **독수리 날개**는 인권보호, **독수리 발톱**은 엄정한 법 집행, **북극성**은 조직의 비전, **CIC**는 Criminal Investigation Command를 의미한다.

역사 1953년 서울 후암동에서 3군 합동 헌병총사령부로 창설되어 해체되고 1960년 국방부합동조사대가 창설되었다. 1970년 국방부조사대, 1990년 국방부합동조사단을 거쳐 2006년 국방부조사본부로 개편되어 과학수사연구소를 통합하였다. 2014년 국군교도소로 개편된 육군교도소를 예속하였고, 2023년 각 군 수사교육기능을 통합한 수사교육단을 창설하였다.

- 각 군 군사경찰(헌병)의 합동부대이자 최상위 부대이다.
- 1968년 1월 21일, "청와대 까부수고 박정희 모가지 따러 왔다"는 김신조 소위를 포함한 민족보위성 정찰국 124군 소속 공작원 31명이 사복 차림으로 이동 중에 청와대 인근 3곳의 초소에서 경찰검문에 걸리자 특수훈련 뒤 복귀하는 CIC 방첩대라고 둘러대었다… 그러다가 29명이 사살되었다.
- 1949년 서울 영등포에서 육군형무소로 창설된 국군교도소는 성남으로 이동하며 1·2교도소로 분리되었으나 다시 통합하여 육군교도소를 거쳐 국군교도소로 개편되었다. 예전에 어른들이 걸핏하면 남한산성으로 보내버린다는 말씀하셨는데 고놈이 요놈이었다.

국방시설본부

외곽 모양은 영문명칭 Defence Installations Agency의 약자 DIA, **녹색**은 육군과 고객·국민의 신뢰 및 사랑, **백색**은 해군과 전문가의 전문성 및 위상, **청색**은 공군과 선구자의 선구적 정신 및 영광을 의미한다.

역사 1959년 창설된 국방부 건설본부가 모체로 1971년 국방조달본부 시설부를 거쳐 2004년 용산사업단과 국방시설사업단을 통합하여 국방시설본부로 창설되었다.

합동군사대학교

국방부 마크는 국방부 직할부대, **검**은 용맹과 승리, **깃털(펜)**은 교육기관, **월계수**는 영광과 역사, **무궁화**는 발전, **책과 大**는 대학교를 의미한다.

역사 1963년 합동참모대학으로 창설되어 1975년 국방대학원 전략기획과정, 1990년 국방참모대학, 2000년 합동참모대학을 거쳐 2011년 합동군사대학으로 개편되었다. 2012년 국방어학원을 예속시키고 2013년 국방정신전력원을 창설하였으며 2014년 합동참모대학을 예속시켰다.

- 합동은 동일 국가의 육·해·공군 중 2개 군 이상의 부대가 동일 목적으로 참가하는 것을 말하며, 연합은 2개 이상의 국가가 협력하는 것, 협동은 지휘 관계가 없는 2개 이상의 부대가 공동목적을 위해 협력하는 것을 의미한다.

국군간호사관학교

국방부 마크는 국방부 직할부대, **원**은 인류애와 사랑의 실천, **지팡이(카두세우스)**는 의료, **뱀**은 지혜와 진리의 탐구, **자주색**은 학교 상징색이자 생명의 존엄과 고귀함, 위엄을 의미한다.

역사 1951년 육군군의학교 내 간호사관생도 교육과정이 신설되었고, 육군병원 부설 간호학교에 이어 1967년 육군간호학교가 창설되었다. 1970년 국군간호학교로 개칭되어 1977년 해군간호장교를 배출하였다. 1980년 국군간호사관학교로 개칭되면서 간호전문학교에서 간호전문대학과정을 거쳐 4년제 간호대학과정으로 개편되었다. 1993년 공군간호장교를 배출하였다. 2012년 남생도 입교가 시작되었으며 2014년 군재난안전교육센터를 개소하였다.

- 간호사관학교에는 3개 기수가 빠져 있다. 죽을 사(死) 자가 연상된다 하여 4기를 시작으로 존폐위기에 처했던 2000년과 2001년의 44기 및 45기가 그 주인공들이다. 4가 4개…
- 2002년 학교장으로 부임한 양승숙 준장은 대한민국 여군 역사상 최초의 장군 진급자이다.
- 중화인민공화국 우한발(發) 폐렴인 속칭 코로나가 창궐하던 2020년, 3일 앞당겨 임관한 60기 졸업생들은 졸업장에 잉크도 마르기 전에 국군대구병원으로 투입되었다.

군사법원

국방부 마크는 국방부 직할부대, **칼과 천칭**은 엄정함과 공정함, **5개 별**은 국방부 직속 5개 지역군사법원, **청색 테두리**는 정직·신뢰·청렴, **군사법원**은 군사법원을 의미한다.

역사 1948년 국방경비법 신설을 시작으로 1962년 군법회의법이 제정되었으며 1987년 군법회의를 군사법원으로 개칭하였다. 1994년 국방부 및 3군 고등군사법원을 국방부로 통합하였고, 구속영장발부권이 지휘관에서 군판사에게 이관되었다. 국방부 군사법운영지원단이 창설되어 1997년 법무운영단으로 개칭되었고, 2000년 고등군사법원이 창설되었다. 2017년 평시 사단급 보통군사법원이 폐지되었으며, 2022년 3군의 보통군사법원을 통합하여 국방부군사법원으로 재창설되었다.

국방부검찰단

국방부 마크는 국방부 직할부대, **방패**는 군 기강확립과 검찰권 행사를 통해 장병과 국민의 인권을 보호하고자 하는 검찰단 고유의 임무, **태극**은 대한민국, **검찰**은 검찰단을 의미한다.

역사 1965년 국방부 군법회의 검찰부를 시작으로 1994년 군사법운영지원단 검찰부가 창설되어 1997년 법무운영단 검찰부로 개칭되었으며, 2000년 국방부검찰단이 창설되었다.

국군심리전단

청색은 무한한 부대발전, **확성기**는 확성기, **녹색**은 군의 정통색, **번개**는 방송의 기본전파, **적황청색**은 전단의 기본 3원색, **펜**은 심리전의 주무기, **국방부 마크**는 국방부 직할부대임을 의미한다.

역사 1991년 육 · 해 · 공 심리전부대 통합의 일환으로 창설되어 1993년 6 심리전중대 2전단소대가 창설되었다. 1995년 민사심리전 참모부 방송 · 전단제작의 기능이 심리전단으로 이관되었다. 1999년 동티모르 국제평화유지군에 심리전 전술기동확성기를 파병하였으며 2000년 6 · 15 공동선언 전 북한 측 요청으로 전단적전이 잠정중단되었다.

- 6·25전쟁 당시 남·북 양측은 포로대상 심리전을 실시했다. 유엔군은 자유민주주의교육·기독교전파·직업훈련·여가활동 등을 실시한 반면, 북한군과 중공군은 포로조직의 와해를 목적으로 하였는데, 국군포로의 경우 많은 수를 인민군으로 편입시켜 전방과 국군 측 후방에 재투입하였고, (국군 및) 유엔군 포로의 경우 열악한 급식·피복·의료환경과, 고문·구타 등을 동반한 세뇌교육으로 (강제적) 자아비판을 유도함으로서, 부대원들 및 상·하계급간의 분열과 갈라치기를 시도하였다. 그리고 이 전술은 현재까지도 유효하다.
- 미 아이젠하워 대통령은 2차 대전 경험을 바탕으로 1946년 육사 교장에게 심리학 교과과정을 신설할 것을 요구했다. 그는 심리전을 중요시 여겨 대통령 시절에도 활용하였는데, 사실 사관학교 시절에는 미스터 뱅(Mr. Bang)이라 불릴 만큼 반항과 분노에 휩싸여 태도불량으로 벌점을 달고 살았었다.

국군복지단

국방부 마크는 국방부 직할부대, **감청색**은 진취적 기상, **적색**은 육군, **청색**은 해군, **하늘**은 공군, **3색원**은 비상·발전하는 복지단을 의미한다.

역사 1949년 창설된 육군 후생감실을 모체로 1960년 원호관리국, 1970년 원호관리단을 거쳐 1981년 육군 복지근무지원단으로 개칭되었다. 1987년 창설된 해 · 공군 복지근무지원단이 2008년 육군과 국군복지단으로 통합 · 창설되었다.

- 과거 육군에는 휼병(恤兵)장교라는 임시직책이 있었다. 이들의 업무는 현역 및 예비군 대상으로 주보(酒保, PX)와 두부(유부)공장을 운영하고, 땔감을 확보하여 숯을 제작·판매하는 등 부대의 수익활동에 관여하는 것으로, 주로 재정(財政)에 밝고 사회경험이 있는 고참이나 나이 든 장교가 맡았다.
- 격오지 근무경험이 있다면 노란색 황금마차의 추억을 잊지 못할 것이다. 1차 대전 중 미군 도넛트럭이 기원으로 2차 대전과 6·25전쟁 중 인기를 끌며 우리 군도 1970년대부터 운영해온 것으로 추정된다. 초기에는 2.5톤(두돈반) K-511 트럭을 개조하여 60-70여 개 품목으로 당시 PX처럼 폐쇄식으로 운영되었다. 2000년 후반부터 카드결제가 가능하였고, 2011년 3.5톤 민수차량으로 교체되어 개방형판매, POS시스템, 240ℓ 냉동고, 무(無)시동판매를 위한 90A 배터리 등이 추가되었으며 품목도 220여 개로 늘어났다. 2021년 380ℓ 냉동고, 150A 배터리 교체와 적재공간의 확대로 품목도 320여 개로 늘리고 폴딩 진열대를 설치하였다.

국군재정관리단

국방부 마크는 국방부 직할부대, **3개 주판알**은 부대의 3대 기능인 급여·연금·계약으로 세계일류전문기관으로 비상하고자 하는 비전, **열쇠**는 국방부 기간부대(Key Unit)로서 국고금관리의 파수꾼, **FM**은 재정관리(Financial Management)를 의미한다.

역사

1948년 미 군정청으로부터 예산회계업무를 인수하여 육군본부 재무감실이 편성되어 경리병과를 시작으로 1955년 경리감실과 1957년 육군중앙경리단이 창설되었다. 1981년 경리감실이 관리참모부 경리회계처로 개칭되었으며 1983년 중앙경리단이 이를 흡수하여 병과장기능을 수행하였다. 2012년 3군 경리(관리)단을 통합하여 국군재정관리단이 창설되었다.

- 그 유명한 경리단길의 근원지이다.
- 예전에는 주로 중경단(中經團)이라 불렸는데, 참고로 인근의 현 한강중학교 자리에 군자녀특화학교였던 중경(中京)고등학교가 위치해 있었다.

국군체육부대 상무

원은 영광과 승리를 향한 단결과 결속, **불사조**는 자신을 불태워 조국을 수호하는 군인의 희생정신과 최후의 승리를 차지하기 위한 칠전팔기의 집념과 의지로 용전분투하는 군인기상, **횃불**은 정열과 열성을 지니고 국가체육 진흥의 선봉역할, **황색과 흑색**은 조국과 군에 대한 평화를 염원하고 승리의 영광을 의미한다.

애칭 무(武)를 숭상(崇尙)한다는 의미로 부대에서 제정하였다.

역사 창설 이전 육군의 웅비, 해군의 해룡, 공군의 성무 등으로 나뉘어 운영되던 체육부대를 1984년 육군종합행정학교에서 육군체육지도대를 모체로 통합하여 21개 종목을 근간으로 창설되었으며, 2015년 문경세계군인체육대회를 개최하였다.

- 1984년 LA올림픽 레슬링 김원기를 필두로 하여 역대 16명의 올림픽 금메달리스트를 배출하였다.
- 체육부대가 아닌 일반부대(GOP 및 선상근무부대 등 예외)에서는 매주 수요일 오전 정훈교육에 이어 오후 4시간 동안 주간전투체육(혹은 개인정비) 시간을 갖는다. 1966년 4월 28일 국방부에서 전투체육의 날을 최초 제정하였고 이후 수차례 요일변경을 거쳤다.

국방부유해발굴감식단

국방부 마크는 국방부 직할부대, **태극**은 아직 전쟁터에 남겨져 돌아오지 못한 전사자의 영혼과 마지막 한 분을 모시는 그날까지 쉼 없이 지속되는 국가 무한책임의지를 의미한다.

역사 2000년 6·25전쟁 50주년을 맞아 육군 주체 한시적 사업으로 시작되어 2007년 국방부유해발굴감식단이 창설되며 영구사업으로 전환되었다. 2010년 6·25전쟁 전사자 종합정보체계(KIATIS)를 개발하였으며 2015년 베트남과 베트남전쟁 실종자 유해발굴협력 및 미국과 유해발굴 MOA를 체결하였다. 2019년 DMZ 유해발굴을 비롯하여 국군과 미군, 심지어 중공군 유해까지 발굴·감식·봉환하고 있다.

- 1950년 부산에서 묘지등록대로 창설된 영현소대는 1951년 2201영현등록중대를 거쳐 1995년 1영현중대로 개칭되었다. 1956년부터 동작동 국립현충원을 시작으로 1983년 대전 국립현충원으로 옮겨 임무를 수행하고 있으며, 매·화장보고서 원본을 영구보관하고 있다. 1969년 현충탑 준공과 함께 제작된 호랑이상·옥함·현충탑 등을 담은 흉장을 착용하고 있는데, 잡귀들의 접근을 차단하기 위함이다.
- 유엔기념공원의 경우 2007년 8월 1일부터 53보병사단 유엔경비반에서 위병근무와 유엔기게양 및 하강, 각종 행사지원 등의 임무를 수행하고 있다.
- 예로부터 보리수확을 끝내고 모내기에 들어가는 망종(芒種)에 국가에 헌신한 희생자들을 위해 제사를 드렸다. 현충일은 이 시기에 맞춰 제정되었는데, 본래 6·25전쟁 전몰장병을 추모하는 날이었으나 1965년 국군묘지가 국립묘지로 승

격되며 순국선열로 대상을 확대하였다. 오전 10시의 묵념과 조기(弔旗) 게양이 여타의 국경일과 다른 점이다.

군사편찬연구소

국방부 마크는 각군의 군사연구를 통제하는 임무와 의지, **펜**은 군사연구의 중심으로서 군사연구의 학술성과 국내 최고의 군사 분야연구·편찬기관으로서 권위와 책임, **회색 타원형**은 군사편찬의 객관성과 진실성, **백색 바탕**은 바른 역사서술의 정신으로 올바른 역사의식 고양을 위한 의지를 의미한다.

역사 1950년 대전에서 국방부 전사계로 창설되어 연구소의 모체인 국방부 정훈국 전사편찬회를 거쳐 1953년 전사과(戰史科), 1955년 일반교육과 편찬계, 1964년 6·25전쟁 종합전사편찬을 목표로 하여 국방부 전사편찬위원회로 개편되었다. 1992년 전쟁기념사업회 국방군사연구소로 재창설되어 1999년 한국국방연구원 부설기관을 거쳐 2000년 군사편찬연구소로 개편되었으며, 베트남전쟁·국방사·전통군사사·북한군사·주변국연구 등으로 영역을 넓혔다.

병조(兵曹) #1

대한민국 국방부장·차관 마크

국방부 장관 : 정2품 병조판서

중앙은 국방부 마크, **4개 별**은 군 최고계급인 대장보다 상급자, **적색**은 장관직을 의미한다.

국방부 차관 : 종2품 병조참판

중앙은 국방부 마크, **4개 별**은 군 최고계급인 대장보다 상급자, **청색**은 차관직을 의미한다.

• 대장은 장관급, 중장은 차관급 직위로 국방부차관은 서열상 대장보다 아래에 놓인다.

병조 # 2

6·25전쟁 참전 유엔군

잊혀진 전쟁, 숨겨진 세계대전

개요

유엔은 북한의 남침개시 하루 만인 6월 26일 긴급 안전보장이사회를 개최하고, 28일 '한국에 대한 군사지원'을 결의하였다. 이로서 6·25전쟁은 유엔 대 북한의 전쟁으로 전환되었다. 미국의 맥아더 장군이 유엔군사령관으로 임명되었고, 7월 13일 8군사령관 워커 장군이 대구로 이동하여 지휘소를 설치하였다.

NATO 일원인 영국과, 프랑스, 캐나다, 베네룩스 3국은 유럽에서, 터키와 그리스는 발칸과 다르다넬스해협에서 소련의 팽창, 그리고 호주와 뉴질랜드, 필리핀, 태국은 동남아시아 공산주의자들의 급증에 위협을 느꼈으며, 에티오피아와 남아프리카연방, 콜롬비아 등은 유엔의 활동에 의미를 두고 참전을 결정하였다.

당시 93개 독립국가 중 전투부대 16개, 의료지원부대 6개, 물자지원 39개, 지원의사표명 3개 등 총 63개국(서독 중복)이 도움의 손길을 건넸다. 북한의 불법남침 준비단계부터 적극 주도·지원한 소련과 중공, 유엔군의 일부 지원역할을 맡은 일본, 참전제의를 거부당한 대만까지, 중복 포함을 고려해도 6·25전쟁 참전·개입국은 남·북한 포함 67개국(식민지 제외)에 이르는 사실상 세계대전급이었다.

여기에 소개된 22개국의 국기와 국호는 참전 당시를 기준으로 하였다.

- 1950년 7월 7일 유엔안전보장이사회 결의에 의해 창설된 유엔군사령부는 전투부대를 파병한 16개국을 모체로 하며, 현재는 전투부대파병국 중 룩셈부르크·에티오피아를 제외한 14개국, 의료지원국 중 서독·스웨덴·인도를 제외한 3개국 등 17개국으로 구성되어 있다. 대한민국은 포함되어 있지 않으며, 한미연합군사령부가 지휘권을 갖고 있다.
- 미군 소속으로 참전한 멕시코(계)와 푸에르토리코, 식민지인 아일랜드(영국)·수리남(네덜

란드)·모로코(프랑스) 등 현대의 독립국가를 기준으로 하면 참전국은 더 확대된다. 물자지원국에는 무려 바티칸도 포함되어 있다.

- 일본인(군)은 널리 알려진 소해작전 외에도 주된 임무인 통역을 비롯하여 취사와 기타 지원 임무를 수행하였으며 사상자와 포로도 발생하였다.
- 6·25전쟁 발발과 중공 지상군 참전의 원인 중에는 일종의 경쟁자인 미국과 중공의 힘을 빼고 두 국가간의 화친을 저지하며, 유럽으로부터 주의를 돌리기 위한 스탈린의 의도가 숨어 있었다.

전투부대 파병 16개국

1 · 그리스 | 밴 플리트 장군의 추억

◈ 참전/피해규모

육군 1개 보병대대 1,263명, 공군 수송기편대 포함 연인원 4,992명.

전사/사망 192명, 부상 543명, 포로 3명 등 총 738명.

◈ 참전/개전시기

육군 1950년 12월 9일, 공군 1950년 12월 1일 참전. 1951년 1월 5일 개전.

◈ 국기설명

십자가는 이슬람으로부터의 독립한 동방정교회 기독교국가, **청 · 백색** 9줄은 19세기 독립전쟁 당시 9음절 구호와 9년간의 독립전쟁기간, **청색과 백색**은 공국(公國) 시절 문장(紋章)색상, **청색**은 독립투쟁과 하늘, 바다, **백색**은 그리스인의 순수한 열정을 의미한다.

- 1944년 나치 점령하에서 벗어난 그리스는 공산주의자들과의 충돌로 우리보다 먼저 동족상잔의 비극을 겪었다. 당시 미 군사고문단을 이끌었던 밴 플리트 장군은 이후 한국에서 유엔군사령관을 역임하였다. 이승만 대통령을 깊이 존중하고 뜻을 같이했던 그는 현역시절은 물론 은퇴 이후에도 육군사관학교를 비롯하여 대한민국 국군 발전에 그 어떤 독립군과도 비교할 수 없을 만큼 지대한 공헌을 하였다.

2 · 남아프리카연방 | 유일하게 공군만 파병, 2차 대전 역전의 용사들

◈ **참전/피해규모**

공군 전투비행대대, 연인원 826명.

전사/사망 36명, 포로 8명 등 총 44명.

◈ **참전/개전시기**

1950년 11월 12일 참전. 1950년 11월 19일 개전.

◈ **국기설명**

삼색기는 연방구성원인 네덜란드 이주민을 상징하는 오렌지왕가 왕자 윌리엄 1세의 깃발, **중앙 좌측 영국국기**는 영연방의 일원, **중앙과 우측**은 연방구성국인 오렌지자유국과 트란스발공화국을 의미한다.

• 위 국기는 1994년까지 사용되었으며, 같은 해 현재의 모양으로 변경되었다.

3 · 네덜란드 | 2차 대전의 쓰라림을 적극적 파병으로

◈ **참전/피해규모**

육군 1개 보병대대 819명, 해군 구축함 1척 포함 연인원 5,322명.

전사/사망 120명, 부상 645명, 포로 3명 등 총 768명.

◈ **참전/개전시기**

육군 1950년 11월 23일, 해군 1950년 7월 19일 참전. 1950년 12월 11일 개전.

◈ **국기설명**

적색은 독립을 위해 싸운 국민의 용기, **백색**은 신의 영원한 축복을 받은 신앙심, **청색**은 조국에 대한 충성심을 의미한다.

• 초창기 국기인 독립영웅 오렌지공(公)의 깃발은 적색이 아닌 주황색이었다.

4 · 뉴질랜드 | 함포사격과 육상포격의 절대강자

◈ 참전/피해규모

육군 1개 보병대대 1,389명, 해군 프리깃함 1척 포함 3,794명.

전사/사망 23명, 부상 79명, 실종 1명 등 총 103명.

◈ 참전/개전시기

육군 1950년 12월 31일, 해군 1950년 7월 30일 참전. 1951년 1월 28일 개전.

◈ 국기설명

영국국기는 영연방의 일원, **4개의 별**은 남십자성, **별들의 위치**는 남태평양에서 뉴질랜드의 위치, **청색**은 남태평양을 의미한다. 영국상선기(商船旗)를 기반으로 제작되었다.

5 · 룩셈부르크 | 인구 대비 최대 파병국

◈ 참전/피해규모

육군 1개 보병소대 48명, 연인원 100명.

전사/사망 2명, 부상 13명 등 총 15명.

◈ 참전/개전시기

1951년 1월 31일 참전. 1951년 3월 13일 개전.

◈ 국기설명

적·청·백색은 룩셈부르크 공작가문의 문장(紋章)에서 유래하였다.

- 제주도의 1.4배 면적과 20여만 명에 불과한 인구에 군 조직도 자리잡지 못했으나 벨기에 대대와 연합으로 참전하였다.

6 · **미국** | 최초·최대 참전, 최대 물자지원, 유엔군의 지휘국

◈ **참전/피해규모**

육군 1개 야전군, 3개 군단, 7개 보병사단, 1개 기병사단, 1개 해병사단, 2개 연대전투단 302,483명, 해군 극동해군 제7함대, 공군 극동공군 포함 연인원 1,789,000명.
전사/사망 33,686명, 부상 92,134명, 실종 3,737명, 포로 4,439명 등 총 133,996명.

◈ **참전/개전시기**

육군 1950년 7월 1일, 해군 1950년 6월 27일, 공군 1950년 6월 27일 참전. 1950년 7월 5일 개전.

◈ **국기설명**

48개 별은 주(州)의 숫자, **적색과 백색 13줄**은 독립초기 연방 주의 숫자를 의미하며, **적·청·백색**은 영국국기, **청색**은 깨어 있음과 정의, **백색**은 순수한 의도와 높은 이상, **적색**은 용기와 희생정신을 의미한다.

7 · **벨기에** | 파병을 주도하고 실재 참전한 국방부장관

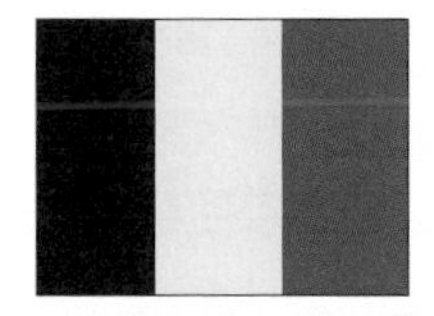

◈ **참전/피해규모**

육군 1개 보병대대 900명, 연인원 3,498명.
전사/사망 99명, 부상 336명, 실종 4명, 포로 1명 등 총 440명.

◈ **참전/개전시기**

1951년 1월 31일 참전. 1951년 3월 6일 개전.

◈ **국기설명**

흑색은 겸손, **황색**은 번영, **적색**은 승리를 의미한다. 브라반트공국의 문장(紋章)에서 유래하였으며, 프랑스 삼색기를 모방하였다.

- 소령으로 참전한 전직 상원의원이자 국방부 장관 모로 드 블랑 외에도 귀족 출신 22명이 장교와 사병으로 참전하였다.

8 · 에디오피아 | 235전 235승 신화의 황제친위대

◈ 참전/피해규모

육군 1개 보병대대 1,271명, 연인원 3,518명.

전사/사망 122명, 부상 536명 총 658명.

◈ 참전/개전시기

1951년 5월 6일 참전. 1951년 7월 11일 개전.

◈ 국기설명

중앙 유다의 사자는 황실(皇室)과 자부심, 힘, 아프리카의 주권, **녹색**은 땅의 풍요로움과 비옥함, 희망, **황색**은 종교의 자유와 평화, **적색**은 국가를 지킨 조상들의 희생을 의미한다. 이후 아프리카 국기의 원형이 되었다.

• 위 국기는 1974년까지 사용되었으며, 이후 수차례 변경을 거쳤다.

• 황제친위대에서 지원을 받아 참전하였으며, 단 한 명의 포로도 발생하지 않았다.

9 · 영국 | 미국에 이은 두 번째 참전규모

◈ 참전/피해규모

육군 2개 보병여단, 1개 해병특공대 14,198명, 해군 항공모함 1척, 함정 16척 포함 연인원 56,000명. 공군참전 확인중

전사/사망 1,078명, 부상 2,674명, 실종 179명, 포로 978명 등 총 4,909명.

◈ 참전/개전시기

육군 1950년 8월 28일, 해군 1950년 7월 1일 참전. 1950년 9월 4일 개전.

◈ 국기설명

백색 바탕의 **적색 십자**는 잉글랜드의 성(聖) 게오르기우스(조지) 십자가, **청색 바탕의 백색×십자**는 스코틀랜드의 성 안드레아(앤드류) 십자가, **백색 바탕의 적색×십자**는 아일랜드의 성 파트리치오(패트릭) 십자가로, 웨일스를 제외하고 잉글랜드를 구성하는 3개국을 의미한다.

• 캐나다·호주·뉴질랜드(벨기에·룩셈부르크·인도)군과 함께 영연방1사단을 구성하였다.

10 · 캐나다 | 작은 영국, 영연방국가의 대표국

◈ 참전/피해규모

육군 1개 보병여단 6,146명, 해군 구축함 3척, 공군 수송기대대 포함 연인원 26,791명.
전사/사망 516명, 부상 1,212명, 실종 1명, 포로 32명 등 총 1,761명.

◈ 참전/개전시기

육군 1950년 12월 18일, 해군 1950년 7월 30일, 공군 1950년 7월 28일 참전. 1951년 2월 15일 개전.

◈ 국기설명

영국국기는 영연방의 일원, **우측 4개 문장**은 상단 좌측으로부터 캐나다 식민지를 운영한 영국(잉글랜드·스코틀랜드·아일랜드)과 프랑스, 3개 단풍잎은 국가의 대표상징을 의미한다.

• 위 국기는 1965년까지 사용되었으며, 같은 해 현재의 모양으로 변경되었다.

11 · 콜롬비아 | 남미 유일의 파병국

◈ 참전/피해규모

육군 1개 보병대대 1,068명, 해군 프리깃함 1척 포함 연인원 5,100명.
전사/사망 213명, 부상 448명, 포로 28명 등 총 689명.

◈ 참전/개전시기

육군 1951년 6월 15일, 해군 1951년 5월 8일 참전. 1951년 8월 1일 개전.

◈ 국기설명

황색은 빛의 원천인 태양과 토양의 풍요로움, 주권, 정의, 화합, **청색**은 강·바다·하늘, **적색**은 독립투쟁에서 흘린 피와 사랑, 힘, 용기, 전진을 의미한다.

12 · 태국 | 최초 물자지원 의사 표명국, 아시아의 작은 호랑이

◈ 참전/피해규모

육군 1개 보병대대 2,274명, 해군 프리깃함 7척, 수송선 1척, 공군 수송기편대 포함 연인원 6,326명.

전사/사망 129명, 부상 1,139명, 실종 5명 등 총 1,273명.

◈ 참전/개전시기

육군 1950년 11월 7일, 해군 1950년 11월 7일, 공군 1951년 6월 18일 참전. 1950년 11월 22일 개전.

◈ 국기설명

청색은 국왕과 왕조, 코끼리상아를 본 딴 **백색**은 테라와다(소승)불교, **적색**은 국토와 국민, 국민의 피를 의미한다. 기존 백색과 적색에서 자색(紫色)의 날인 토요일에 태어난 라마 6세가 자색계열 청색을 추가하여 완성하였다.

- 유엔회원국 중 최초로 물자지원 의사를 밝혔으며, 국내 공산세력의 격렬한 반대운동에도 불구하고 전투부대를 파병하였다.
- 1952년 경기도 연천 폭찹 힐 전투의 영웅 크리앙삭 차마난 중위는 육군참모총장을 거쳐 1977~80년간 제41·42대 총리를 역임하였다.

13 · 터키(튀르키예) | 독립작전이 가능한 여단의 전사들

◈ 참전/피해규모

육군 1개 보병여단 5,455명, 공군 미상(未詳) 포함 연인원 21,212명+.

전사/사망 966명, 부상 1,155명, 포로 244명 등 총 2,365명.

◈ 참전/개전시기

1950년 10월 17일 참전. 1950년 11월 12일 개전.

◈ 국기설명

초승달과 별은 이슬람, **적색**은 건국 당시 흘린 피와 희생정신을 의미한다. 초승달과 별은 모하메드가 신의 계시를 받는 날 하늘에 떠 있었다, 1448년 코소보전투 당시 피웅

덩이에 비친 형상에서 따왔다는 설 등이 있다.

- 보병뿐 아니라 공병·병기·수송·의무 등 자체적으로 독립전투가 가능한 여단급 규모를 파병하였다.

14 · 프랑스 | 중장에서 중령으로, 프랑스 최정예군

◈ 참전/피해규모

육군 1개 보병대대 1,185명, 해군 구축함 1척 포함 연인원 3,421명.

전사/사망 262명, 부상 1,008명, 실종 7명, 포로 12명 등 총 1,289명.

◈ 참전/개전시기

육군 1950년 11월 29일, 해군 1950년 7월 참전. 1950년 12월 13일 개전.

◈ 국기설명

청색은 자유, **백색**은 평등, **적색**은 박애를 의미한다. 프랑스혁명 당시 라파예트 국민군 사령관이 시민들에게 나눠준 모자의 색상에서 유래하였으며, 유럽 삼색기의 원형이 되었다.

- 대대장 랄프 몽클라르(본명 라울 C. 마그랭베르느레)는 1·2차 대전에 참전하였고, 6·25전쟁 당시 계급은 중장이었으나 정부에 참전을 설득하여 스스로 중령으로 강등, 프랑스군 사령관 겸 대대장으로 부임하였다. 지평리 전투 중에는 막걸리 양조장을 지휘소로 활용하였다.

15 · 필리핀 | 자국 반란군 토벌작전의 영웅들

◈ 참전/피해규모

육군 1개 보병대대 1,496명, 연인원 7,420명.

전사/사망 112명, 부상 299명, 실종 16명, 포로 41명 등 총 468명.

◈ 참전/개전시기

1950년 9월 19일 참전. 1950년 10월 1일 개전.

◈ **국기설명**

3개의 별은 주요 섬인 루손과 비사야, 민다나오, **8개 햇살**은 스페인에 대항하여 최초 독립운동에 참여한 8개 주, **청색**은 고매한 정치적 이념과 이상, **적색**은 용기, **백색**은 평화·평등·화합·순결을 의미한다.

- 1952년 강원도 철원 이리고지 전투에서 공을 세운 피델 라모스 소위는 후일 육군참모총장과 국방부장관을 거쳐 1992~98년간 대통령을 역임하였다.

16 · **호주** | 2차 대전 유럽·태평양전선 역전의 용사들

◈ **참전/피해규모**

육군 2개 보병대대 2,282명, 해군 항공모함 1척, 구축함 2척, 프리깃함 1척, 공군 전투비행대대, 수송기편대 포함 연인원 17,164명.

전사/사망 340명, 부상 1,216명, 포로 28명 등 총 1,584명.

◈ **참전/개전시기**

육군 1950년 9월 27일, 해군 1950년 7월 1일, 공군 1950년 7월 1일 참전. 1950년 10월 5일 개전.

◈ **국기설명**

영국국기는 영연방의 일원, 그 아래 연방의 별인 **큰 7각별**은 연방을 구성하는 주(州)와 준주(準州), **4개 7각별과 1개 5각별**은 남십자성, **적·청·백색**은 영국국기의 색상으로 영연방의 일원임을 의미한다.

의료지원 6개국

• 공산측의 경우 동독 · 체코슬로바키아 · 헝가리 · 폴란드 · 루마니아 등 동유럽 중심 5개 국가에서 의료지원에 나섰는데, 참가자 대부분은 대한민국의 북침으로 인해 전쟁이 발발한 것으로 알고 있었다고 한다.

17 · 노르웨이 | 총 9,600회, 1일 최대 64회 수술

◈ 참전/피해규모

육군이동외과병원 109명, 연인원 623명.

전사/사망 3명 등 총 3명.

◈ 참전/개전시기

1951년 6월 22일 참전. 1951년 7월 19일 개원.

◈ 국기설명

청색은 자유, **백색**은 평등, **적색**은 박애를 의미한다. 많은 영향을 받은 덴마크의 국기를 바탕으로 하였다.

• 스웨덴 · 덴마크와 함께 대한민국 국립의료원 설립에 기여하였다.

18 · 덴마크 | 치료환자 99.6% 생존의 기적

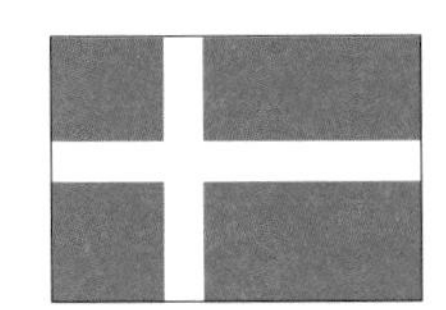

◈ 참전/피해규모

적십자병원선(유틀란디아호) 100명, 연인원 630명.

◈ 참전/개전시기

1951년 3월 2일 참전. 1951년 3월 10일 개원.

◈ 국기설명

적색은 힘·영웅·용기를 의미한다. 1219년 린다니스전투 당시 하늘에 나타난 깃발에서 유래하였다. 세계에서 가장 오래된 국기로, 노르딕 혹은 스칸디나비아 십자가는 주변국 국기에 영향을 끼쳤다.

• 스웨덴, 노르웨이와 함께 대한민국 국립의료원 설립에 기여하였다.

19 · 서독(독일) | 6번째 신규 의료지원국

◈ 참전/피해규모

적십자병원 연인원 117명.

◈ 참전/개전시기

1954년 1월 개원.

◈ 국기설명

흑색은 근면, **적색**은 정열, **금색**은 명예를 의미한다. 나폴레옹전쟁 당시 군인들의 흑색 제복에 금색 단추, 적색 장식에서 유래하였다.

• 휴전 후 개원하여 의료지원국 명단에서 제외되었으나, 1953년 4월 전쟁 중 파견의사를 밝힌 사실에 근거하여 2018년 추가로 포함되었다.

20 · 스웨덴 | 대한민국 국립의료원 설립의 주역

◈ 참전/피해규모

적십자병원 170명, 연인원 1,124명.

◈ 참전/개전시기

1950년 9월 23일 참전. 1950년 9월 28일 개원.

◈ 국기설명

십자가는 덴마크국기에서 따왔으며, **청색**과 **금색**은 15세기 폴쿵왕조의 문장색(紋章色), **청색**은 스칸디나비아·하늘·영해, **금색**은 3대 종교(개신교·복음루터교·카톨릭)를 의미한다. 1157년 핀란드원정 전(前) 하늘에 나타난 황금색 빛줄기의 십자가에서 유래하였다.

• 노르웨이, 덴마크와 함께 대한민국 국립의료원 설립을 주도하였다.

21 · 이탈리아 | 서독과 함께 유이한 유엔비회원국

◈ 참전/피해규모

제68적십자병원 72명, 연인원 128명.

◈ 참전/개전시기

1951년 11월 16일 참전. 1951년 12월 6일 개원.

◈ 국기설명

녹색은 국토와 희망, **백색**은 신뢰·정의·평화·알프스, **적색**은 애국과 사랑을 의미한다. 프랑스 삼색기의 영향을 받아 나폴레옹이 만들었다.

22 · 인도 | 의료지원국 유일한 전사자 발생

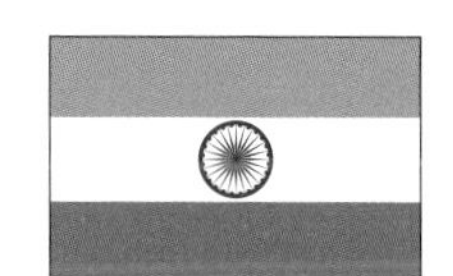

◈ 참전/피해규모

육군제60공수야전의무대 333명, 연인원 627명.

전사/사망 3명, 부상 23명 등 총 26명.

◈ 참전/개전시기

1950년 11월 20일 참전. 1950년 12월 4일 개원.

◈ 국기설명

청색 문양 아소카 차크라는 아소카왕의 사자상석주에 새겨진 물레로 법의 윤회(법륜), **24개 살**은 24시간, **황색**은 힌두교·용기·헌신, **백색**은 통일·기타 종교·진리·평화, **녹색**은 이슬람·믿음·번영을 의미한다.

• 공수훈련을 받은 의무대로, 1951년 경기도 문산에 미군과 함께 강하작전을 펼치기도 했다. 전쟁 후반기에는 인도 포로송환감시단으로 통합되었다.

해공군 국직 부대 도감

1판 1쇄 찍음 2024년 6월 25일
1판 1쇄 펴냄 2024년 7월 5일

지은이 신기수

주간 김현숙 | **편집** 김주희, 이나연
디자인 이현정, 전미혜
마케팅 백국현(제작), 문윤기 | **관리** 오유나

펴낸곳 궁리출판 | **펴낸이** 이갑수

등록 1999년 3월 29일 제300-2004-162호
주소 10881 경기도 파주시 회동길 325-12
전화 031-955-9818 | **팩스** 031-955-9848
홈페이지 www.kungree.com
전자우편 kungree@kungree.com
페이스북 /kungreepress | **트위터** @kungreepress
인스타그램 /kungree_press

ⓒ 신기수, 2024.

ISBN 978-89-5820-890-7 03390

책값은 뒤표지에 있습니다.
파본은 구입하신 서점에서 바꾸어 드립니다.